高等院校海洋科学专业规划教材

遗传学实验

Experiments of Genetics

李俊　宁曦　易梅生◎编著

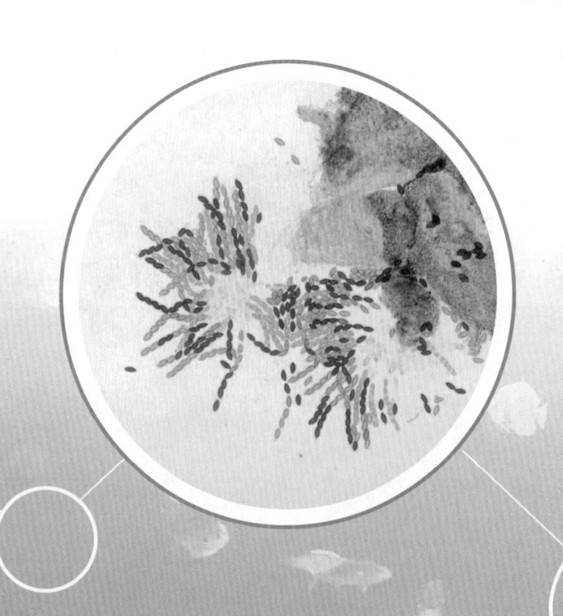

·广州·

内容提要

本书是“高等院校海洋科学专业规划教材”之一。全书包含18个实验，涵盖经典遗传学、细胞遗传学和现代遗传学的基础性实验以及一些综合和探索性实验，包括有丝分裂及染色体行为观察，减数分裂及染色体行为观察，果蝇生活史、性状观察及培养，果蝇单因子杂交，果蝇的伴性遗传，果蝇双因子自由组合，三点测交的基因定位方法，果蝇唾腺染色体标本制备与观察，外周血淋巴细胞染色体标本制备，染色体荧光原位杂交，染色体显带技术，染色体组型分析，X染色体观察，植物多倍体诱导，环境因素诱导染色体畸变，粗糙链孢霉顺序四分子分析，人群中PTC味盲基因的遗传分析和人类指纹的遗传分析等内容。

本书可供大专院校相关专业本科生遗传学实验课程教学使用，也可作为相关专业研究人员的参考用书。

图书在版编目（CIP）数据

遗传学实验/李俊，宁曦，易梅生编著．—广州：中山大学出版社，2020.9
（高等院校海洋科学专业规划教材）
ISBN 978-7-306-06952-8

Ⅰ.①遗…　Ⅱ.①李…　②宁…　③易…　Ⅲ.①遗传学—实验—高等学校—教材
Ⅳ.①Q3-33

中国版本图书馆CIP数据核字（2020）第164996号

Yichuanxue Shiyan

出 版 人：王天琪
策划编辑：李　文
责任编辑：李　文
封面设计：林绵华
责任校对：姜星宇
责任技编：何雅涛
出版发行：中山大学出版社
电　　话：编辑部 020-84110771，84113349，84111997，84110779
　　　　　发行部 020-84111998，84111981，84111160
地　　址：广州市新港西路135号
邮　　编：510275　　　　传　　真：020-84036565
网　　址：http://www.zsup.com.cn　　E-mail：zdcbs@mail.sysu.edu.cn
印 刷 者：广州市友盛彩印有限公司
规　　格：787mm×1092mm　1/16　8印张　190千字
版次印次：2020年9月第1版　2020年9月第1次印刷
定　　价：35.00元

《高等院校海洋科学专业规划教材》编审委员会

总　　序

海洋与国家安全和权益维护、人类生存和可持续发展、全球气候变化、油气和某些金属矿产等战略性资源保障等息息相关。贯彻落实“海洋强国”建设和“一带一路”倡议，不仅需要高端人才的持续汇集，实现关键技术的突破和超越，而且需要培养一大批了解海洋知识、掌握海洋科技、精通海洋事务的卓越拔尖人才。

海洋科学涉及领域极为宽广，几乎涵盖了传统所熟知的“陆地学科”。当前海洋科学更加强调整体观、系统观的研究思路，从单一学科向多学科交叉融合的趋势发展十分明显。在海洋科学的本科人才培养中，如何解决“广博”与“专深”的关系，十分关键。基于此，我们本着“博学专长”的理念，按照“243”思路，构建“学科大类→专业方向→综合提升”专业课程体系。其中，学科大类板块设置基础和核心2类课程，以培养宽广知识面，让学生掌握海洋科学理论基础和核心知识；专业方向板块从第四学期开始，按海洋生物、海洋地质、物理海洋和海洋化学4个方向，进行“四选一”分流，让学生掌握扎实的专业知识；综合提升板块设置选修课、实践课和毕业论文3个模块，以推动学生更自主、个性化、综合性地学习，提高其专业素养。

相对于数学、物理学、化学、生物学、地质学等专业，海洋科学专业开办时间较短，教材积累相对欠缺，部分课程尚无正式教材，部分课程虽有教材但专业适用性不理想或知识内容较为陈旧。我们基于“243”课程体系，固化课程内容，建设海洋科学专业系列教材：一是引进、翻译和出版 *Descriptive Physical Oceanography*: *An Introduction* (6th ed)（《物理海洋学·第6版》）、*Chemical Oceanography* (4th ed)（《化学海洋学·第4版》）、*Biological Oceanography* (2nd ed)（《生物海洋学·第2版》）、*Introduction to Satellite Oceanography*（《卫星海洋学》）等原版教材；二是编著、出版《海洋植物学》《海洋仪器分析》《海岸动力地貌学》《海洋地图与测量学》《海洋污染与毒理》《海洋气象学》《海洋观测技术》《海洋油气地质学》

等理论课教材；三是编著、出版《海洋沉积动力学实验》《海洋化学实验》《海洋动物学实验》《海洋生态学实验》《海洋微生物学实验》《海洋科学专业实习》《海洋科学综合实习》等实验教材或实习指导书。预计最终将出版40多部系列教材。

教材建设是高校的基础建设，对实现人才培养目标起着重要作用。在教育部、广东省和中山大学等教学质量工程项目的支持下，我们以教师为主体，及时地把本学科发展的新成果引入教材，并突出以学生为中心，使教学内容更具针对性和适用性。谨此对所有参与系列教材建设的教师和学生表示感谢。

系列教材建设是一项长期持续的过程，我们致力于突出前沿性、科学性和适用性，并强调内容的衔接，以形成完整的知识体系。

因时间仓促，教材中难免有所不足和疏漏，敬请不吝指正。

《高等院校海洋科学专业规划教材》编审委员会

前　　言

遗传学是生物科学、农学、医学等学科的专业课程之一，是一门实验性学科，实验教学是其重要组成部分。

本书在普通遗传学教学内容的基础上，适当增加综合性和探索性实验，同时注重新实验技术在遗传学实验教学中的应用。基础性实验的主要教学目的为让学生巩固遗传学理论的学习，掌握基本的遗传学实验操作技能；综合创新和开放自主性实验可让他们在掌握基础理论知识和基本实验操作技能的前提下，提高实验设计以及分析和解决问题的能力。

本书共有18个实验，涵盖了经典遗传学、细胞遗传学和现代遗传学等内容。本书的特色之处在于，在总结多年的教学经验和技巧的基础上，对实验中的关键步骤做了详细分析，同时在相关内容中插入了大量示意图和照片，内容图文并茂，加强学生对教学内容的理解和掌握，提高实验成功率和教学效果。

在编写过程中，由于经验不足，水平有限，本书难免存在缺点和错误，恳请读者不吝指正。

在本书编写过程中参考和借鉴了大量同行在遗传学教学实验方面的资料和经验，在此表示感谢。同时也感谢中山大学海洋科学学院在本书编写和出版过程中给予的支持。

编著者

2020 年 4 月

目　录

实验一　有丝分裂及染色体行为观察

1.1　实验目的

（1）掌握压片法制备植物根尖细胞有丝分裂临时装片技术。

（2）了解真核细胞有丝分裂过程及各时期染色体的行为特点。

1.2　实验原理

有丝分裂（mitosis）又称为间接分裂，其特点是细胞分裂间期复制的遗传物质在分裂期聚缩成染色体，并在纺锤体的作用下被均等地分配到子细胞中，是真核细胞增殖的主要方式。

19 世纪 70 年代后期，德国植物细胞学家 E. 斯特拉斯伯格在研究植物细胞分裂时发现有丝分裂这种细胞分裂方式，而同一时期德国细胞学家 W. 弗莱明在研究蝾螈细胞分裂时也发现这种细胞分裂方式，用“mitosis”表示整个细胞分裂的过程。

植物根尖、茎尖、愈伤组织等生长旺盛的组织中，存在大量处于分裂期的细胞，是观察植物有丝分裂的良好材料。目前，常用的植物染色体制片方法有压片法（Belling，1921）和去壁低渗法（陈瑞阳，1979）。两种方法的取材和预处理操作程序基本相同，主要区别在于染色体的分散方法不同。压片法是以机械力使染色体分散，去壁低渗法是先利用酶分解细胞壁，再用低渗法使细胞胀大，最后利用水的表面张力使染色体分开。两种技术各有其优缺点，前者操作简便快捷、容易掌握，后者染色体易于展开。本实验选用洋葱或大蒜根尖为实验材料，采用压片法制备染色体临时装片。

动物早期胚胎细胞分裂旺盛，是观察动物有丝分裂的优良材料（图 1－1）。马蛔虫早期胚胎细胞因染色体数目少（仅有 4 条染色体）、取材方便，常用来观察动物细胞有丝分裂。马蛔虫受精卵制片通常用石蜡切片法，经固定、包埋、切片和染色等步骤制作成永久玻片标本。本实验用马蛔虫受精卵永久玻片标本观察动物细胞有丝分裂过程。

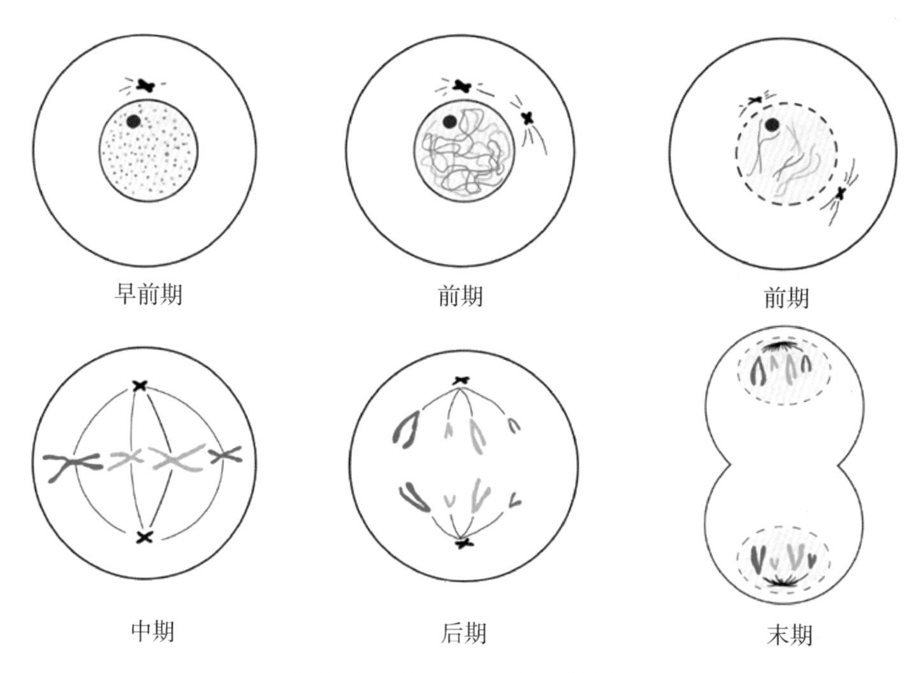

图 1－1　动物细胞有丝分裂过程

1.3　实验材料、用具和试剂

1.3.1　实验材料

大蒜（$2n=16$）或洋葱（$2n=16$）鳞茎、马蛔虫（$2n=4$）受精卵有丝分裂装片。

1.3.2　实验设备和用具

光照培养箱，显微镜，水浴锅，剪刀，载玻片，盖玻片，吸水纸，废液缸，手术刀等。

1.3.3　实验试剂

70% 乙醇溶液，90% 乙醇溶液，无水乙醇，秋水仙素，卡诺氏固定液（乙醇：冰醋酸＝3：1），1 mol/L HCl，纯水，45% 醋酸，改良苯酚品红染液（附录一）。

1.4　实验方法和步骤

1.4.1　植物细胞有丝分裂

（1）大蒜或洋葱根尖的准备。将大蒜或洋葱鳞茎置于盛有清水的小烧杯上，根

部与水接触，在20～25 ℃光照条件下培养2～3 d（图1－2），待根长至2 cm左右时进行预处理。

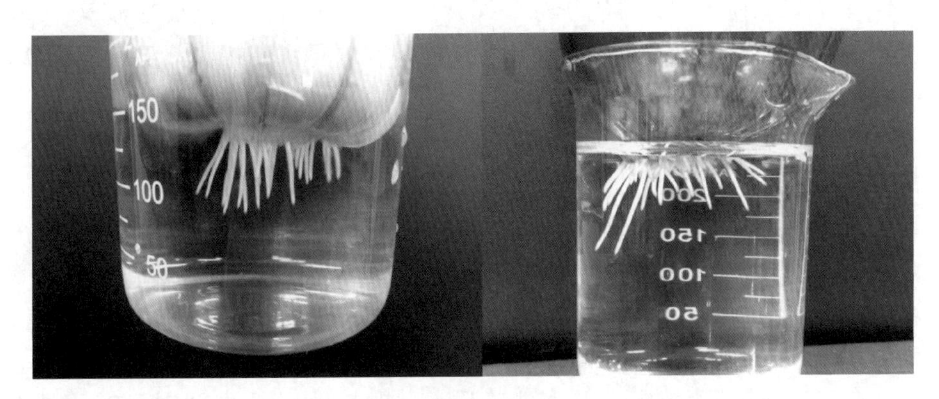

图1－2　在25 ℃光照条件下培养3天的大蒜（左）和洋葱（右）

根尖细胞是植物体细胞分裂最旺盛的部位之一，并且没有叶绿素等有色物质干扰，是制作植物染色体装片的良好材料。大蒜和洋葱根尖容易培养，且染色体数目少（$2n=16$），是观察植物细胞有丝分裂过程最常用的材料。此外，常用的材料还有蚕豆根尖（$2n=12$）和玉米根尖（$2n=20$）。

（2）预处理。将长有根尖的大蒜或洋葱鳞茎在含有0.05%～0.10%秋水仙素的清水中室温处理2～4 h。

预处理的目的有两个：破坏纺锤丝的形成，阻止纺锤体的形成，从而获得较多中期分裂相的细胞；改变细胞质的黏度，使染色体收缩、分散，便于压片和观察。

注意：秋水仙素有剧毒，可导致失明和中枢神经麻醉，严重者可导致呼吸衰竭，使用过程中要注意安全！此外，秋水仙素在高温和光照下易失效，最好现配现用，或于4 ℃ 冰箱中避光保存。

除秋水仙素外，常用的预处理试剂有冰水、对二氯苯、8－羟基喹啉、α-溴萘、放线菌酮等，它们各有优缺点，适用的植物根尖也有所不同：

1）冰水（低温处理法）。优点是无须使用任何药物，安全性高，对染色体较小的禾本科植物较为有效。对于洋葱和大蒜根尖，通常是将根尖浸在1～4 ℃水中处理24 h。

2）对二氯苯。对二氯苯与秋水仙素作用相似，对大小染色体都适用，且染色体分散较好，但是处理温度过高、时间过长容易导致染色体断裂、黏连等畸变。对二氯苯通常用其饱和水溶液，处理时间3～5 h。

3）8-羟基喹啉。一般认为它的作用机制是先引起细胞质黏度的改变，进而导致纺锤体活动受阻，适用于中、小染色体。优点是显示的染色体缢痕和随体较为清晰，缺点在于中期分裂相细胞数不如其他方法多。通常使用的浓度范围为2～4 mmol/L。

4）α-溴萘。适用于禾本科及水生植物，100 mL加α-溴萘饱和液2滴即可。

5）放线菌酮。适宜早中期染色体供核型分析和G带研究，常用浓度为20～50

μg/mL，小染色体用低浓度，大染色体用高浓度。

（3）固定。将预处理的根尖剪下，用蒸馏水洗净，于卡诺氏固定液中室温处理3～24 h。材料若暂时不用，可用90%、80%、70%的乙醇溶液依次处理3～5 min，再换入新的70%乙醇溶液中，0～4 ℃可长期保存。再次使用时，重新固定0.5～3.0 h效果会更好。

固定的目的是使组织和细胞迅速失活，并尽可能使组织和细胞的形态结构保持原状，同时使染色体核蛋白变性、沉淀，呈现染色体的形态和结构。常用的固定液是卡诺氏固定液，组成为乙醇：冰醋酸=3：1。其中，乙醇的作用是迅速渗入细胞而使细胞失活、硬化，并可溶解部分脂类物质。但乙醇固定核蛋白的效果较差，并且对组织具有强烈的收缩作用（可收缩20%左右）；冰醋酸的作用是固定核蛋白，同时可使细胞膨胀和软化，增强染色体的嗜碱性，有利于着色，为固定染色体的主要成分。

（4）解离。将固定后的根尖用水清洗几次，放入1 mol/L HCl中，在60 ℃条件下处理5～10 min。解离成功的根尖的分生区呈米黄色或乳白色，伸长区呈半透明。

解离的目的是破坏分生组织细胞之间的果胶质层，并使细胞壁软化，便于压片。同时，解离还可以清除部分细胞质，减少背景，便于染色体观察。

解离的时长视根尖的种类、粗细、老嫩不同而有差异。解离时间不足，细胞不易分散，无法压制出单层细胞，且染色体和细胞质均被明显染色，背景深；解离时间过长会导致染色体和细胞质着色困难、分生组织与伸长区脱离或者细胞破裂，无法获得完整细胞分裂相。

解离的方法有两种：酸解法和酶解法。酸解法即本实验所用的方法。酶解法：2.5%的果胶酶和2.5%纤维素酶等量混合，将根尖于该混合液中室温处理约3 h。

（5）染色。将根尖置于干净载玻片上，清洗2～3次，用手术刀切取根尖尖端1～2 mm（分生区，图1-3），加1滴改良苯酚品红染液，染色10 min左右（可在酒精灯火焰上短暂加热2～3次），加上盖玻片，在盖玻片上覆盖一层吸水纸，压住盖玻片一角，用解剖针柄或橡皮均匀敲击根尖部位，使材料分散（切勿敲破盖玻片）。

在切取根尖时，根尖的长度要适宜。过短，则只会看到根冠细胞，在视野中看不到分裂期细胞；过长，则会看到有很多伸长区的成熟细胞，影响观察。

染色液除改良苯酚品红外，还可用龙胆紫溶液或醋酸洋红溶液（附录一），前者染色3～5 min，后者染色30 min左右。

（6）观察。将制好的玻片标本置于普通光学显微镜下，先用低倍镜头观察，选取各分裂期的典型细胞，再转换到高倍镜观察。注意细胞核及分裂各时期染色体的动态变化（图1-4）。

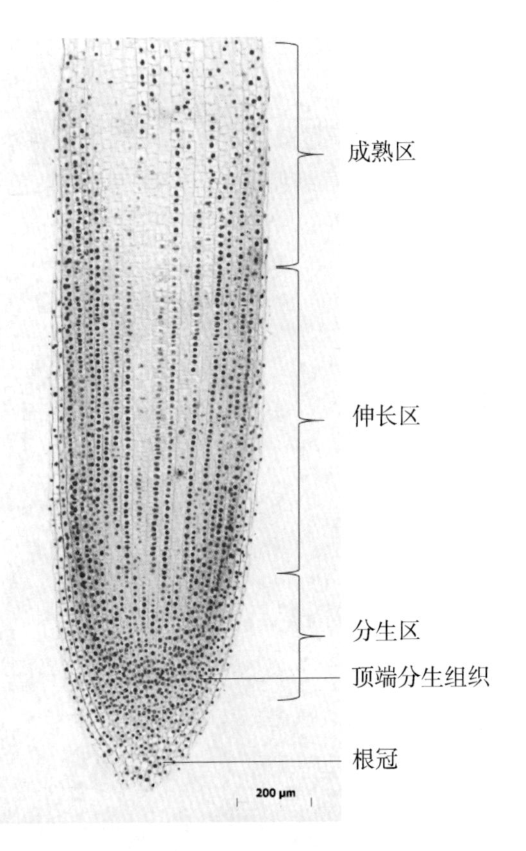

图 1－3　大蒜根尖结构

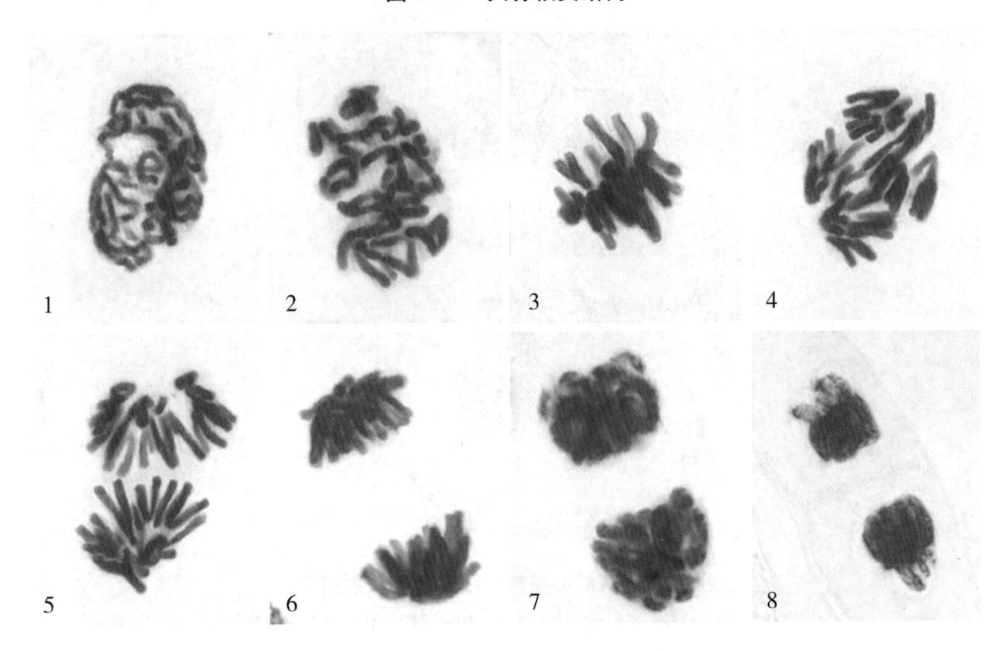

图 1－4　大蒜根尖有丝分裂过程

1，2—前期；3—中期；4～6—后期；7，8—末期

1.4.2　动物细胞有丝分裂

将马蛔虫卵细胞永久装片置于显微镜下，先用低倍镜观察，选取各分裂期的典型细胞，再转换到高倍镜观察。注意细胞核及分裂各时期染色体的动态变化（图 1 - 5）。

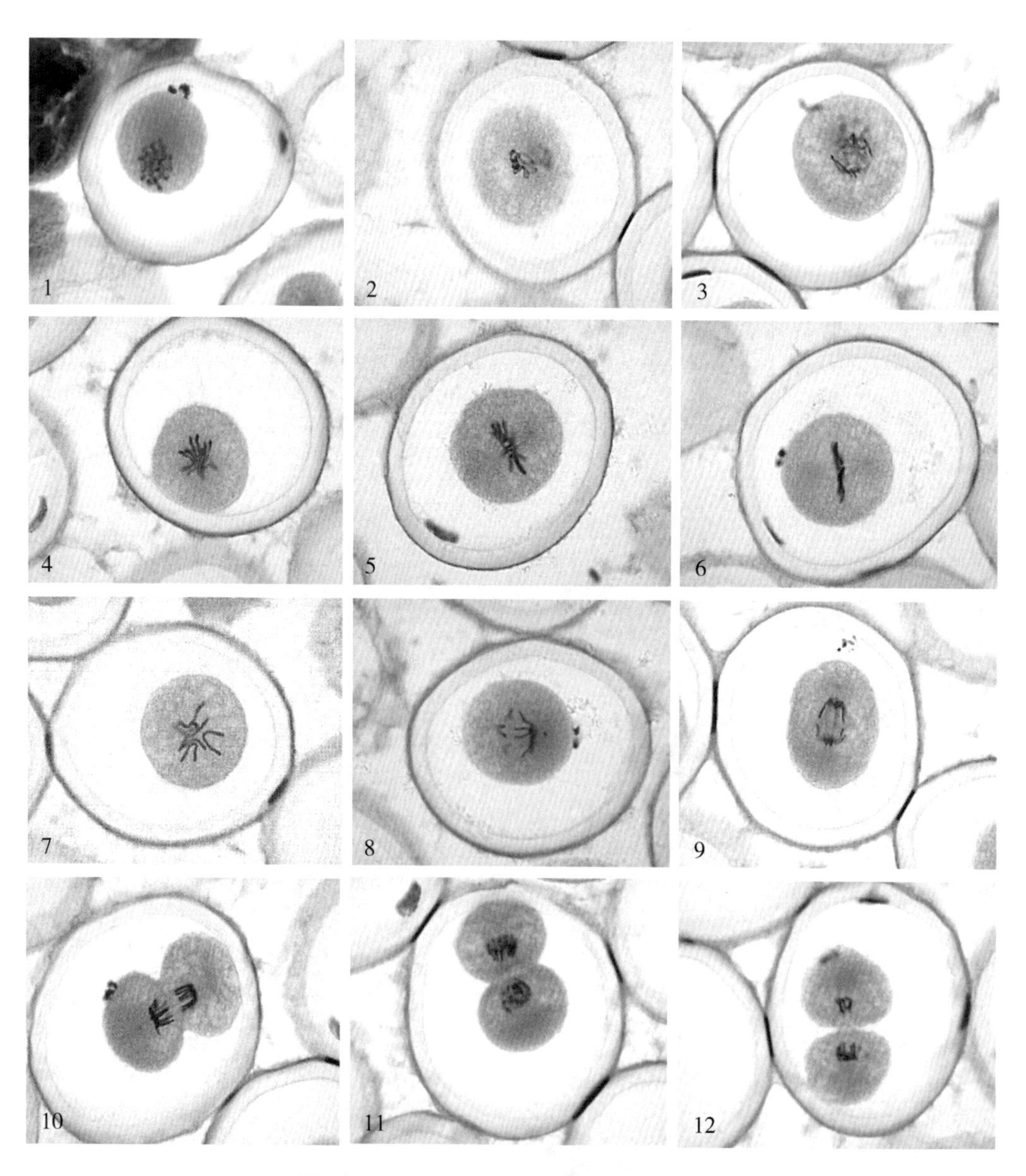

图 1 - 5　马蛔虫受精卵细胞有丝分裂过程

1～3—前期；4～6—中期；7～9—后期；10～12—末期

1.5 思考和作业

（1）选取大蒜根尖细胞和马蛔虫受精卵细胞有丝分裂各时期图像，拍照保存并打印，注明各个时期。

（2）真核细胞有丝分裂各时期的染色体行为有何特点？

参考文献

[1] BELLING J. On counting chromosomes in pollen-mother cells [J]. The American naturalist, 1921, 55 (641): 573 – 574.

[2] 陈瑞阳，宋文芹，李秀兰. 植物有丝分裂染色体标本制作的新方法 [J]. Journal of integrative plant biology, 1979 (3): 297 – 298.

[3] 郭善利，刘林德. 遗传学实验教程 [M]. 北京：科学出版社, 2010.

[4] 刘丹，夏雪，等. 植物染色体制片效果影响因素的解析 [J]. 浙江农业科学, 2015, 56 (10): 127 – 130.

[5] 邱希慈. 植物根尖染色体的压片法 [J]. 生物学教学, 1981 (1): 44 – 45.

[6] 齐志广，秘彩莉，等. 不同预处理对有丝分裂的影响 [J]. 河北师范大学学报, 2003 (1): 88 – 91.

[7] 任艳，王辉，等. 不同预处理对花生根尖细胞有丝分裂制片的影响 [J]. 花生学报, 2008 (2): 28 – 31.

实验二　减数分裂及染色体行为观察

2.1　实验目的

（1）掌握动物生殖细胞减数分裂临时装片的制备方法。

（2）了解高等动植物配子生殖细胞减数分裂各时期染色体的动态变化过程。

2.2　实验原理

2.2.1　减数分裂及其不同阶段的特点

减数分裂（meiosis）是一种特殊的细胞分裂方式，发生在进行有性生殖生物形成生殖细胞的过程中。由德国动物学家 A. 魏斯曼于 1887 年发现。

在减数分裂过程中，染色体仅复制一次，而细胞连续分裂两次。第一次分裂将同源染色体平均分给两个子细胞，染色体数目减少一半；第二次分裂将姐妹染色单体平均分给子细胞，最终形成染色体数目减少一半的配子（图 2-1）。

1）减数第一次分裂。

（1）前期Ⅰ。分为细线期、偶线期、粗线期、双线期和终变期。

细线期：减数第一次分裂开始，染色体凝缩为细线状，细胞核和核仁体积增大。此时每一条染色体包含两个单体，但在显微镜下仍看不出染色体的双重性。

偶线期：染色体进一步缩短变粗，同源染色体开始配对（联会），两两紧密靠拢，出现联会复合体。

粗线期：染色体继续缩短变粗，但仍呈线状；同源染色体配对完成，称二价体，每个二价体含有四个染色单体（四分体），非姐妹染色体之间发生遗传物质交换。

双线期：发生交换的姐妹染色单体开始分离，由于交换不止发生在一个位点，可能有些位点仍未分离，因此染色体呈现 X、O 等各种形态。

终变期：又称浓缩期，仍为二价体，染色体变得更短更粗。核仁、核膜消失，纺锤体形成。

（2）中期Ⅰ。染色体边缘光滑，进一步缩短变粗，配对的同源染色体排列到赤道面上。

（3）后期Ⅰ。同源染色体分离，在纺锤丝的作用下向细胞两极移动。

（4）末期Ⅰ。染色体移到两极后逐步解螺旋而恢复到染色质状态。重建核仁、核膜，进行胞质分裂而形成两个子细胞（次级性母细胞）。

2）减数第二次分裂。

（1）前期Ⅱ。染色体缩短变粗，每条染色体含有一个着丝粒和两条染色单体。

（2）中期Ⅱ。染色体排列在细胞赤道面上，每条染色体的两条染色单体开始分离。

（3）后期Ⅱ。两条染色单体分离，移向细胞两极。

（4）末期Ⅱ。染色体逐渐解螺旋，变为细丝状，核膜重建，核仁重新形成。胞质分裂，各形成两个子细胞。

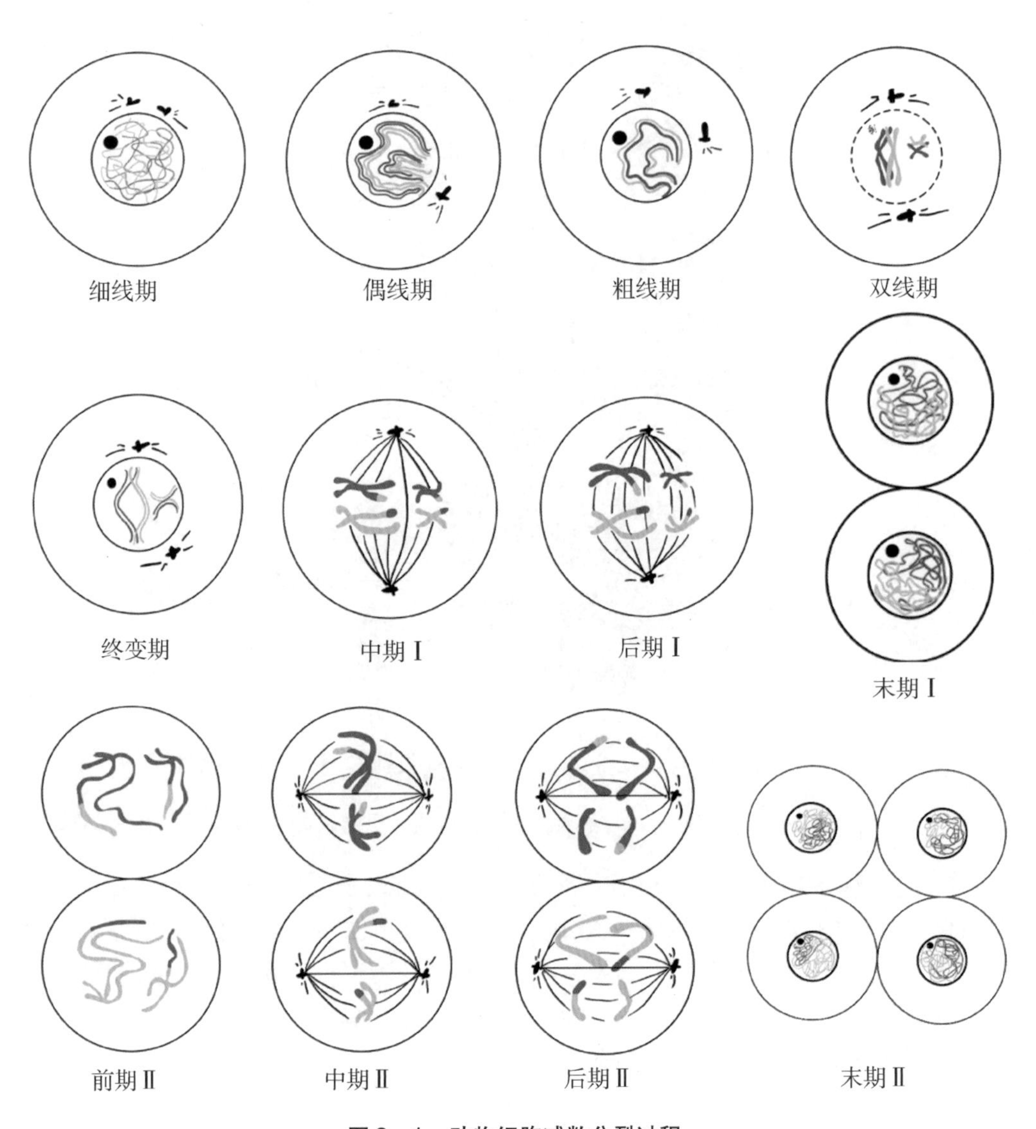

图2－1　动物细胞减数分裂过程

在高等动物中，减数分裂发生在精子和卵子形成过程中。卵细胞因数量有限，其减数分裂不容易被观察到；而性成熟的动物精巢中，有大量初级精母细胞不断进行减数分裂产生精子。将性成熟动物的精巢固定、压片、染色，在显微镜下即可观察到减数分裂各个时期的分裂相。本实验观察动物细胞减数分裂所用的材料为蝗虫精巢。在蝗虫精巢的曲细精管内，依次排列着不同发育时期的细胞（图2－2）。

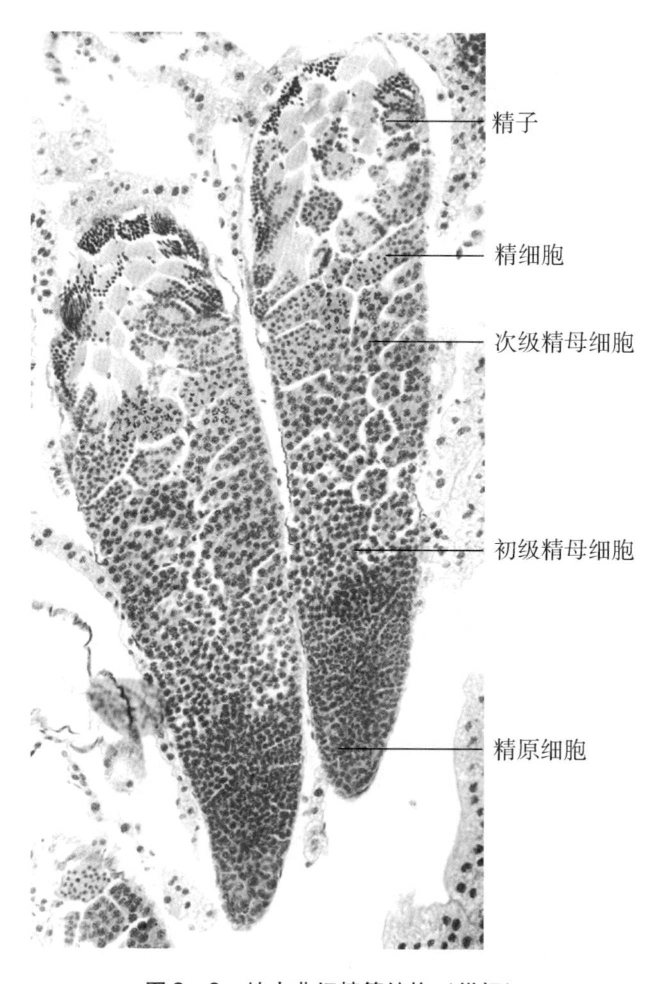

图2－2　蝗虫曲细精管结构（纵切）

在高等植物的花粉形成过程中，花药内的孢原组织分化为小孢子母细胞，即花粉母细胞。小孢子母细胞经减数第一次分裂形成二分体，二分体经减数第二次分裂形成四分体（图2－3）。采集处于合适发育时期的植物花蕾，进行固定、染色、压片，可在显微镜下观察到小孢子母细胞减数分裂的过程。本实验以洋葱花药永久装片为材料观察植物花粉形成过程中的减数分裂。

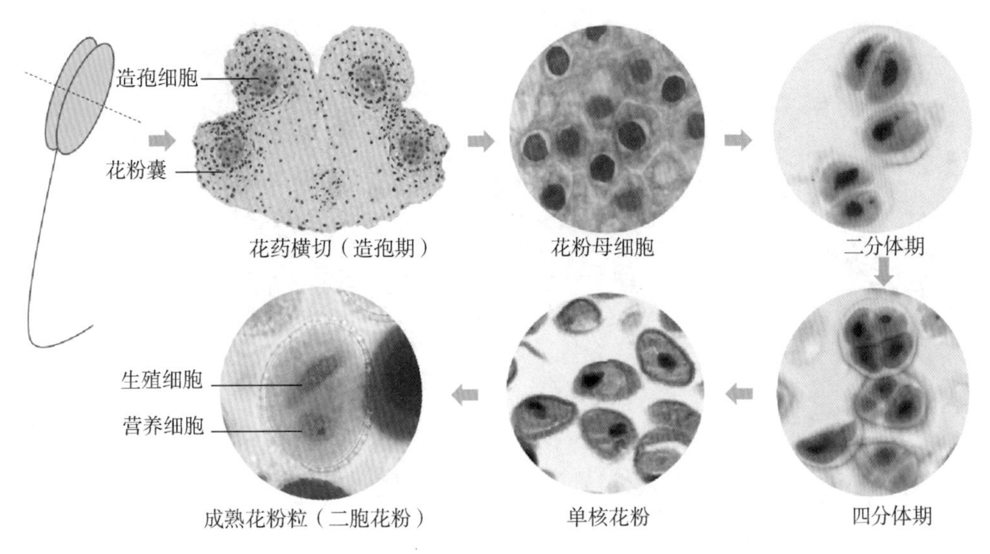

图2－3　百合花粉发育过程

2.3　实验材料、器具和试剂

2.3.1　实验材料

蝗虫精巢，洋葱花药减数分裂永久装片。

2.3.2　实验设备和用具

显微镜，镊子，载玻片，盖玻片，吸水纸等。

2.3.4　实验试剂

卡诺氏固定液（甲醇∶冰醋酸＝3∶1），改良苯酚品红染液（附录一）。

2.4　实验方法和步骤

2.4.1　蝗虫精巢细胞减数分裂的观察

（1）取材。取雄蝗虫，剪去翅，用镊子撕开其腹部背面前端体壁，可看到一黄色团块，便是蝗虫精巢（图2－4）。将精巢剔去脂肪放入蒸馏水中低渗15 min左右，可见整个精巢呈菊花状，由几十条精小管组成。

我国常见的蝗虫有中华稻蝗（*Oxya chinensis*）、东亚飞蝗（*Locusta migratoria manilensis*）、亚洲飞蝗（*Locusta migratoria migratoria*）等，一般在夏末秋初采集，此时大多蝗虫处于繁殖季节，雄性精巢内大量精母细胞正处于减数分裂时期。

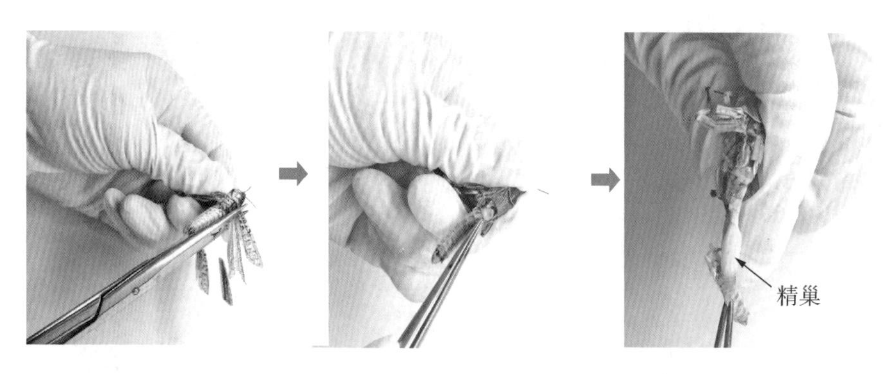

图 2－4　蝗虫精巢剖取

雌雄蝗虫比较容易区分。雄性个体较小，腹部末端第九节腹板向上伸展形成似船尾的生殖板；雌性腹部末端为产卵器，有上下产卵瓣各一对，产卵瓣末端呈勾状（图 2－5、图 2－6）。

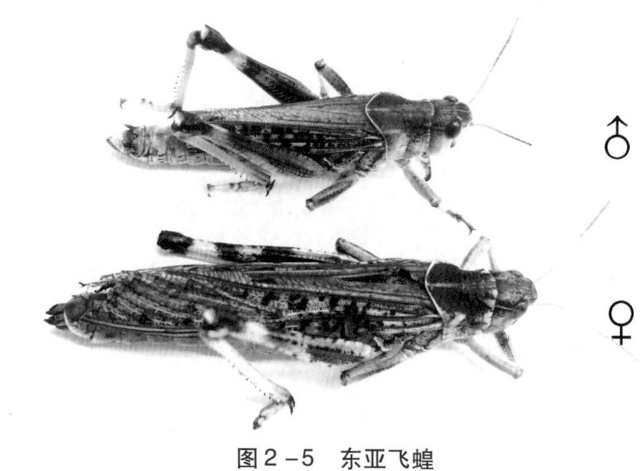

图 2－5　东亚飞蝗

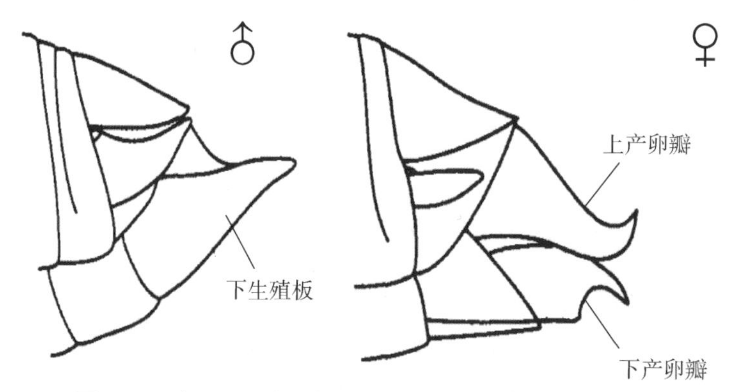

图 2－6　东亚飞蝗雌、雄成虫腹部末端（龚玉新，2008）

（2）固定。将低渗的精巢放入新鲜配制的卡诺氏固定液中，在室温下固定 3 ～ 24 h。然后将固定好的精巢转入 70% 乙醇溶液中，在 4 ℃条件下可长期保存。也可先

将整只蝗虫用卡诺氏固定液固定，然后再取精巢。

（3）染色和压片。用镊子夹取一小段曲细精管放到载玻片上，加1～2滴改良苯酚品红染液，染色15～30 min，在酒精灯火焰上短暂加热2～3次，加上盖玻片，盖上吸水纸，用铅笔轻敲盖玻片，使材料均匀分散开。

曲细精管一端游离，一端由精巢管柄与输精管相连，其中部至精巢管柄的区域是大量已经完成减数分裂的精细胞和已经成熟的精子，实验时也可将这部分切除，以免影响观察。

正在进行减数分裂的曲细精管端部较粗圆，选择这种曲细精管可以观察到处于减数分裂不同时期的细胞。而端部尖细的曲细精管可能还未开始减数分裂或者减数分裂已经结束。此外，实验材料不宜过多，否则会导致细胞重叠，影响观察。

（4）观察。先在低倍镜下寻找分散良好的视野，再转至高倍镜下观察减数分裂各时期的分裂相（图2－7、图2－8）。

东亚飞蝗雄虫有23条染色体，包括11对常染色体和1条X染色体。这23条染色体均为端着丝粒染色体，其中的8对染色体和X染色体呈棒状，较大，另外3对常染色体呈点状，较小。

前期Ⅰ的一个显著特征是X单价染色体从细线期的一块深染的染色体块逐渐打开折叠，至终变期变成一条深染的棒状染色体。

细线期细胞由一团常染色体细丝及一团异固缩的X染色体构成，常染色体细丝无法分辨。

偶线期细胞核体积增大，常染色体明显比细线期的染色体要粗，仔细分辨可见配对的同源染色体，X单价体依然呈现为一个深色的染色体块。

粗线期常染色体显得较粗，染色体可以逐个识别。X染色体打开折叠，形成“P”形结构。

双线期的特征是常染色体上出现明显的“V”“X”“十”“∝”“∞”等形态的交叉，X染色体完全打开，呈一深染的光滑的棒状。

终变期常染色体上同样存在交叉，但与双线期比，染色体更短更粗，X单价体也缩短变粗，但仍为深染的光滑直棒。

中期Ⅰ常染色体形成一团团的“颜料疙瘩”。这些“疙瘩”从其侧面看，排成一条线，通常可见滞后的X染色体。

后期Ⅰ的特点是移向两极的两组染色体数目不同，分别是11和12，另外，由于东亚飞蝗全部是端着丝粒染色体，所以在后期Ⅰ姊妹染色体由着丝点连接在一起，形成很粗的棒状、元宝形、哑铃形和“V”形。

末期Ⅰ的特点是可以看到两个缢裂的细胞，染色体逐渐伸长变细，但X染色体仍没有解体，着色很深。

前期Ⅱ每条染色体具有两条姊妹染色单体，各条染色体之间可以彼此区分开来，染色体数目为11或11＋X，X染色体呈豆荚状。

中期Ⅱ染色体形态与后期Ⅰ相似，端着丝粒染色体呈明显的“V”形、元宝形、短棒形，从侧面还可以看到 X 染色体滞后的现象。

后期Ⅱ两极的端着丝粒染色体为棒状与点状。

末期Ⅱ2 个或 4 个正在分裂的细胞要么都具有、要么都没有 X 染色体。

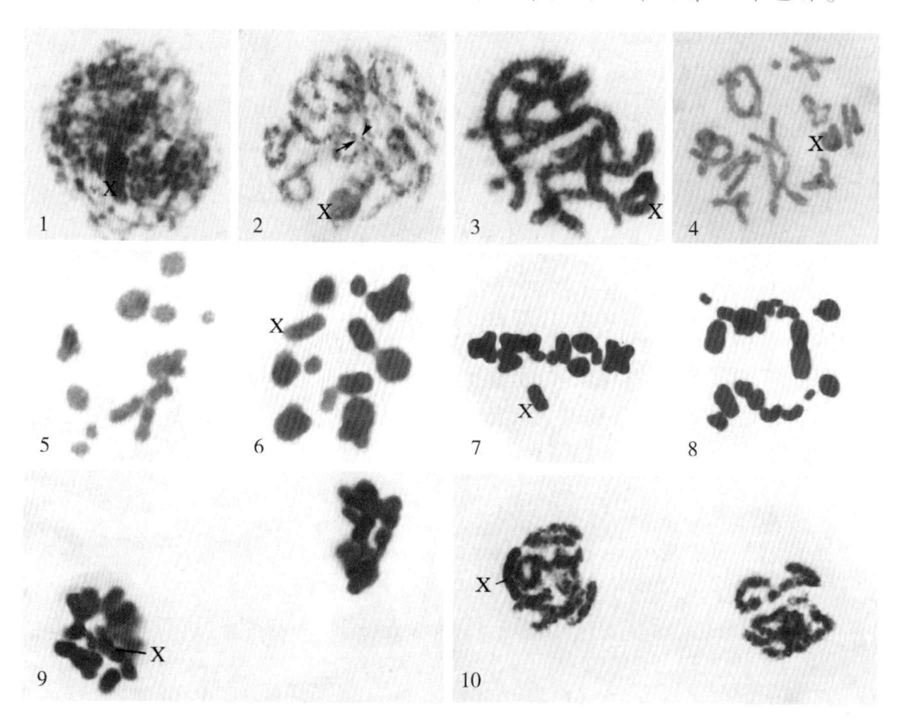

图 2－7　东亚飞蝗精巢细胞减数第一次分裂（刘梦豪等，2012）

1—细线期；2—偶线期；3—粗线期；4—双线期；5—终变期；6—中期Ⅰ（极面观）；7—中期Ⅰ（侧面观）；8，9—后期Ⅰ；10—末期Ⅰ

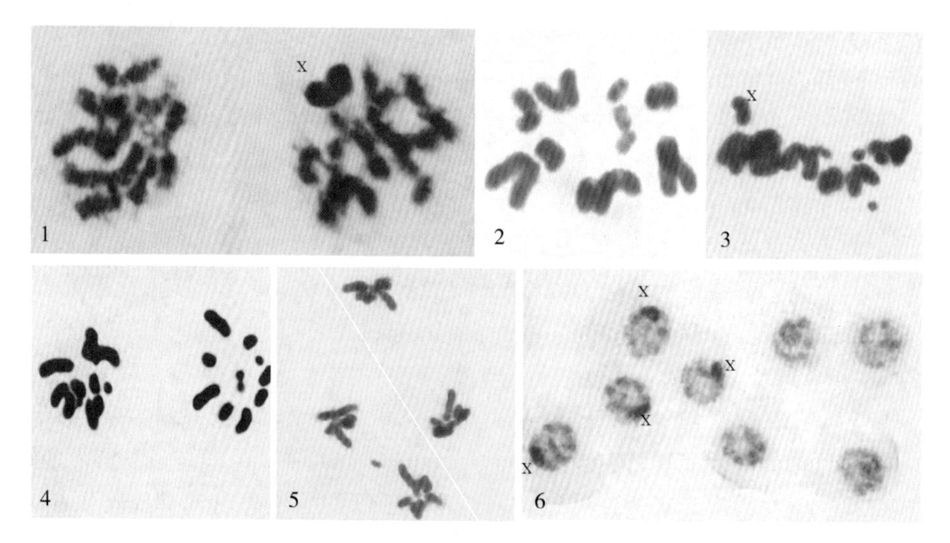

图 2－8　东亚飞蝗精巢细胞减数第二次分裂（刘梦豪等，2012）

1—前期Ⅱ；2—中期Ⅰ（极面观）；3—中期Ⅱ（侧面观）；4，5—后期Ⅱ；6—末期Ⅱ

2.4.2　洋葱花药细胞减数分裂观察

取洋葱花药细胞减数分裂永久装片先在低倍镜下观察，再转至高倍镜下寻找减数分裂各时期的分裂相（图2－9、图2－10）。

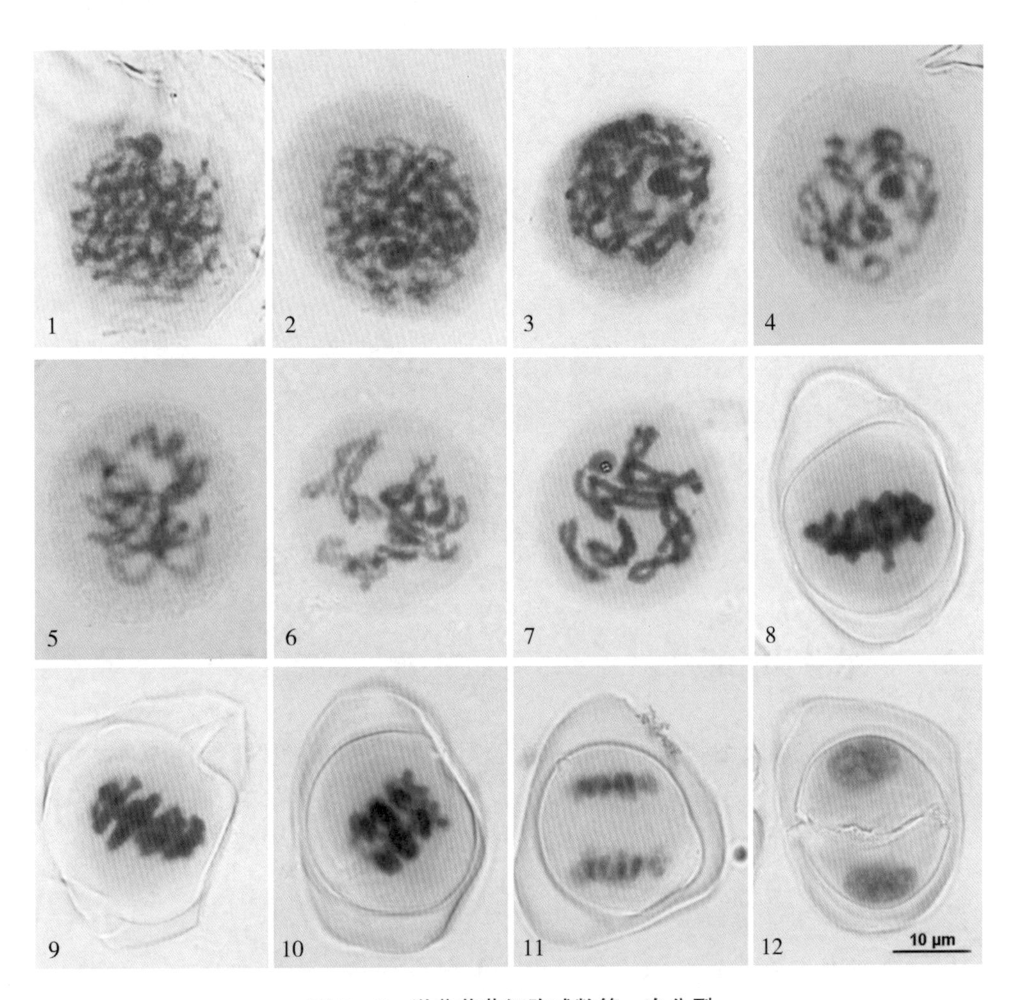

图2－9　洋葱花药细胞减数第一次分裂

1，2—细线期；3—偶线期；4—粗线期；5—双线期；6，7—终变期；8，9—中期Ⅰ；10，11—后期Ⅰ；12—末期Ⅰ

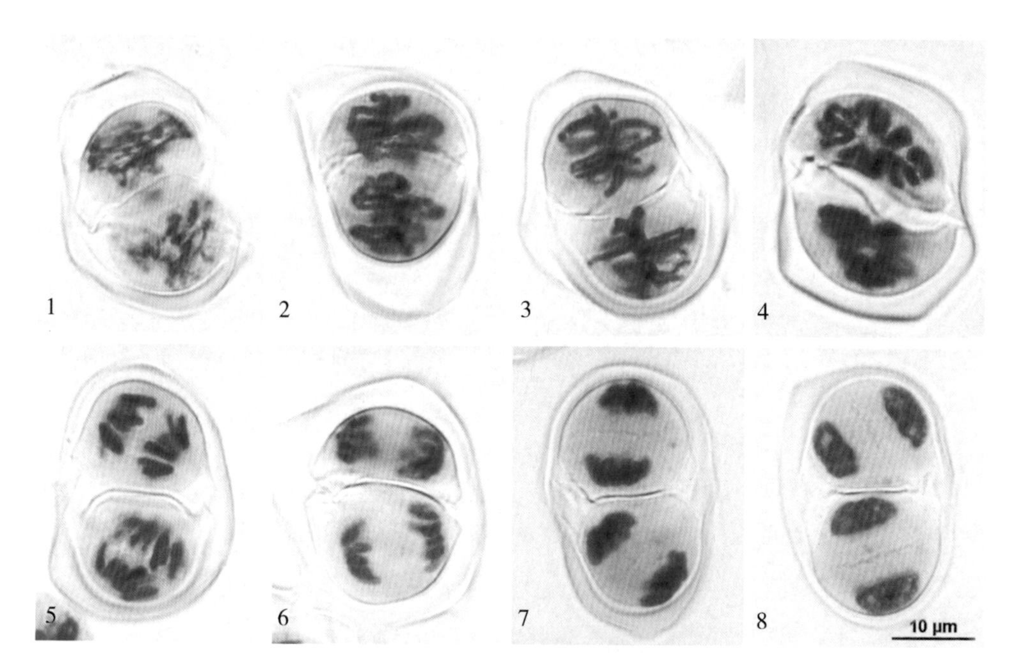

图2－10　洋葱花药细胞减数第二次分裂

1，2—前期Ⅱ；3，4—中期Ⅱ；5，6—后期Ⅱ；7，8—末期Ⅱ

2.5　思考和作业

（1）选取蝗虫精巢细胞和洋葱花药细胞减数分裂各时期图像，拍照保存并打印，注明各个时期。

（2）减数分裂细胞各时期的染色体行为有何特点？与有丝分裂有何不同？

参考文献

［1］龚玉新，吴丹丹．蝗虫的减数分裂观察［J］．生物学通报，2008（4）：56－58.

［2］李凤霞．遗传学实验指导及图谱［M］．长春：吉林人民出版社，2006.

［3］刘梦豪，赵凯强，王雅栋，等．蝗虫精母细胞减数分裂各时期的识别［J］．遗传，2012，34（12）：1628－1637.

［4］王春台．图解现代遗传学实验［M］．北京：化学工业出版社，2009.

［5］张彩霞，明军，李博生．百合花粉母细胞减数分裂及其雄配子体发育观测［J］．生物学通报，2009，44（10）：53－56.

实验三　果蝇生活史和性状观察

3.1　实验目的

（1）了解果蝇生活史各个发育阶段的形态特点。

（2）观察几种常见果蝇突变性状的特征。

（3）掌握雌雄果蝇的鉴别方法。

（4）掌握果蝇的饲养技术。

3.2　实验原理

果蝇（fruitfly 或 vinegarfly），广泛分布于温带及热带气候区，在果园、菜市场等地皆可见，大部分以腐烂的水果或植物体为食。目前发现和鉴定的果蝇至少有 1 000 种。果蝇是经典遗传学研究的重要模式生物之一，至今已有 100 多年的历史。遗传学三大定律之一——连锁和交换定律即是以果蝇为实验对象被揭示的。作为模式物种，果蝇具有许多无可比拟的优势：

（1）饲养容易，在常温下，以玉米粉、麸皮、香蕉等作饲料就可以生长、繁殖。

（2）生长迅速，25 ℃培养 12 d 左右就可繁殖一代。

（3）繁殖力强，每个受精的雌蝇可产卵 400～500 枚，在短时间内可以获得大量的子代，便于遗传学分析。

（4）染色体数目少，只有 4 对，其中 1 对为性染色体。

（5）唾腺染色体制作容易，横纹清晰，便于细胞学观察。

（6）突变性状多，目前已知有 400 多种，而且多数是形态突变，便于观察。表 3－1列出了一些常见的突变性状特征及其所在染色体。

随着生物化学、分子生物学等领域的发展，果蝇还被广泛用于人类疾病的发病机制、发育生物学的研究，如胚胎发育各种器官的形成、神经系统的发育和高级神经活动与行为机制等。

本实验所用果蝇为黑腹果蝇（*Drosophila melanogaster*），其分类地位如下：

Class：Insecta 昆虫纲

　　Subclass：Pterygota 有翅亚纲

　　　　Order：Diptera 双翅目

　　　　　　Family：Drosophilidae 果蝇科

　　　　　　　　Genus：*Drosophila* 果蝇属

Species：*melanogaster* 黑腹果蝇

表3－1　果蝇常见突变形态特征及基因所在染色体

突变性状	基因符号	性状特征	所在染色体
白眼	*w*	复眼白色	X
棒眼	*B*	复眼横条形，小眼数目减少	X
黄体	*y*	体呈浅橙黄色	X
焦刚毛	*sn*	刚毛卷曲如烧焦状	X
小翅	*m*	翅较短	X
黑体	*b*	体呈深色	Ⅱ
残翅	*vg*	翅退化，部分残留	Ⅱ
褐眼	*bw*	眼睛呈褐色	Ⅱ
卷曲翅	*Cy*	翅膀向上卷曲	Ⅱ
黑体	*e*	身体黑亮	Ⅲ
猩红眼	*st*	复眼呈明亮猩红色	Ⅲ
墨色眼	*se*	羽化时眼呈褐色，并深化成墨色	Ⅲ

3.3　实验材料、用具和试剂

3.3.1　实验材料

果蝇品系：野生型（编号：18#），残翅突变型（编号：2#），白眼突变型（编号：22#），三隐性突变型（白眼、小翅、焦刚毛，编号：6#），黑体突变型（编号：e）。

3.3.2　实验设备和用具

体视显微镜，光照培养箱，电热干燥箱，电饭煲，放大镜，小镊子，白瓷板，毛笔，培养管/瓶等。

3.3.3　实验试剂

无水乙醚，70%乙醇溶液，麦皮，玉米粉，红糖，琼脂粉，酵母粉，丙酸等。

3.4　实验方法和步骤

3.4.1　果蝇生活史观察

（1）果蝇的生活史。果蝇是完全变态昆虫，它的生活史包括卵、幼虫、蛹和成虫四个发育时期（图3－1）。

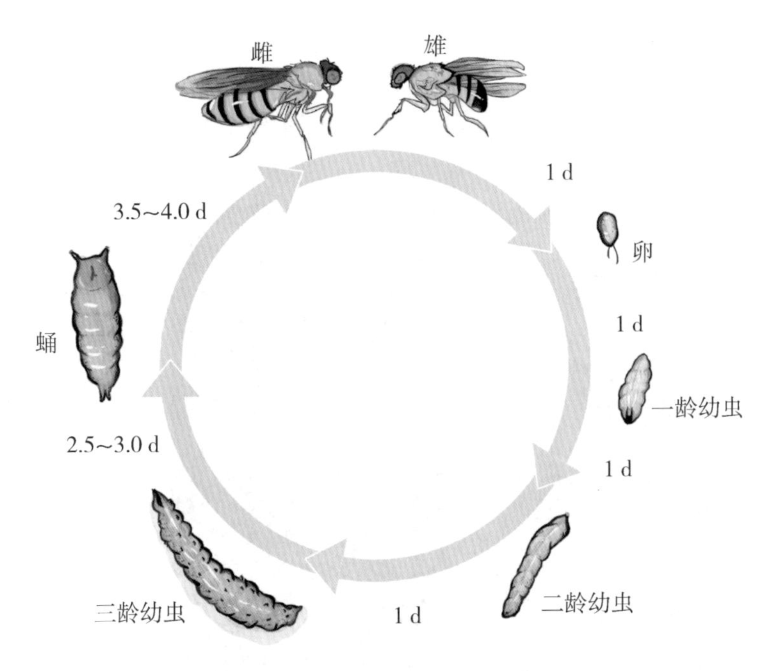

图 3－1　果蝇的生活史（25 ℃）

（2）卵。果蝇的卵为长椭球形，长 0.5 mm 左右，腹面稍扁平，背部前端伸出一对触丝，帮助卵固定在表面或管壁上，避免陷入食物或被移动（图 3－2）。刚羽化的雌性果蝇没有交配能力，一般在 8～12 h 以后才能开始交配，2 d 后开始产卵。一只雌果蝇一生中可产 400～500 枚卵。

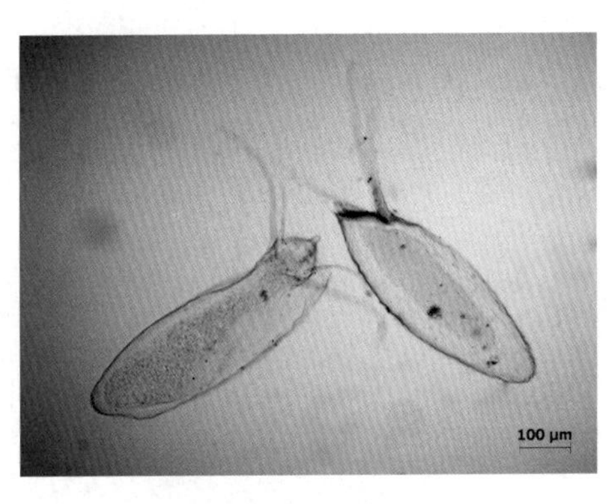

图 3－2　果蝇的卵

（3）幼虫。一般把果蝇的幼虫分成三个阶段：一龄幼虫、二龄幼虫和三龄幼虫。25 ℃培养时，受精卵经 1 d 左右孵化成一龄幼虫，然后在 3～4 d 内经过 2 次蜕皮成为三龄幼虫。

一龄幼虫体长约1 mm，肉眼很难分辨头部和尾部；二龄幼虫体长2～3 mm（图3－3）。一、二龄幼虫喜欢在培养基里面活动，在培养基内留下沟或孔，培养基上沟、孔多而且宽，说明幼虫发育良好，幼虫密度大。

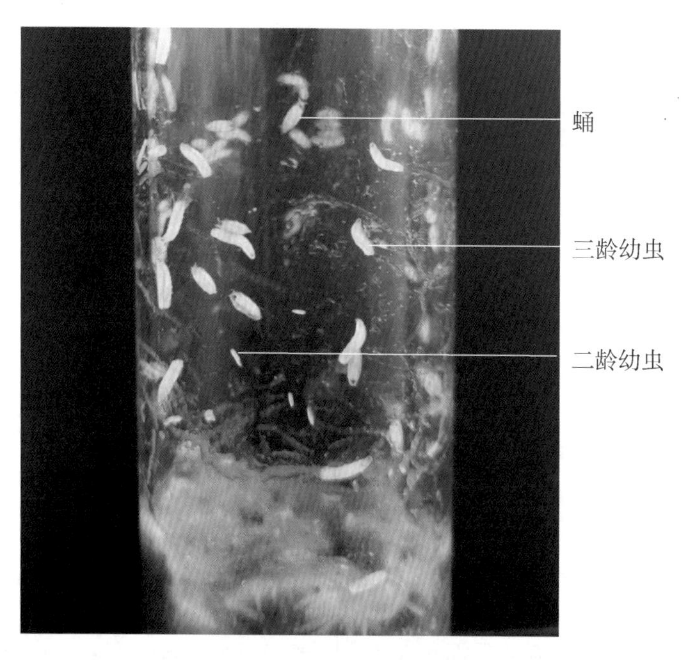

图3－3　果蝇的幼虫和蛹

三龄幼虫明显比一龄和二龄幼虫肥大，体长5 mm左右，肉眼可见其稍尖一端为头部，上一黑色斑点即为口器（图3－4）。通过体壁可看到口器后面有一对黄褐色的唾液腺。躯体后半部上方两侧有一对生殖腺，精巢外观上为一明显黑点，较大；卵巢则较小，黑点不明显，以此可鉴别雌性幼虫和雄性幼虫。

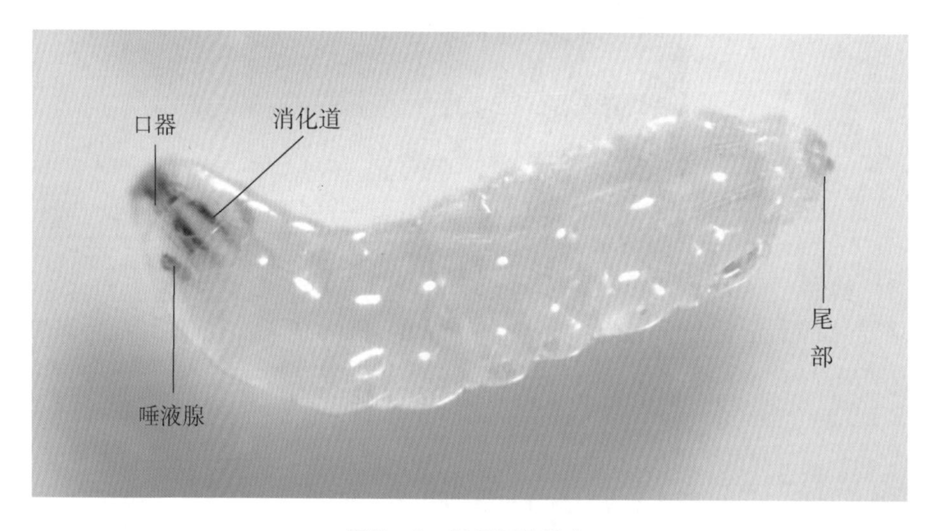

图3－4　果蝇三龄幼虫

（4）蛹。幼虫到三龄后，食量减小，开始化蛹。化蛹前，从培养基中爬出附在管壁上，逐渐停止活动，身体伸长，变得僵硬，形成一梭形的蛹，蛹前部有两个呼吸孔，后部有尾牙，腹面有条状分布的刚毛（图3－5），便于附着在管壁上。开始时蛹为柔软的米白色，以后逐渐硬化变为深褐色，快要羽化时，蛹壳呈半透明状，可看到壳内发育完整的果蝇（图3－6）。在25 ℃条件下培养时，果蝇的化蛹过程需要2.5～3.0 d。

图3－5　果蝇蛹腹面观

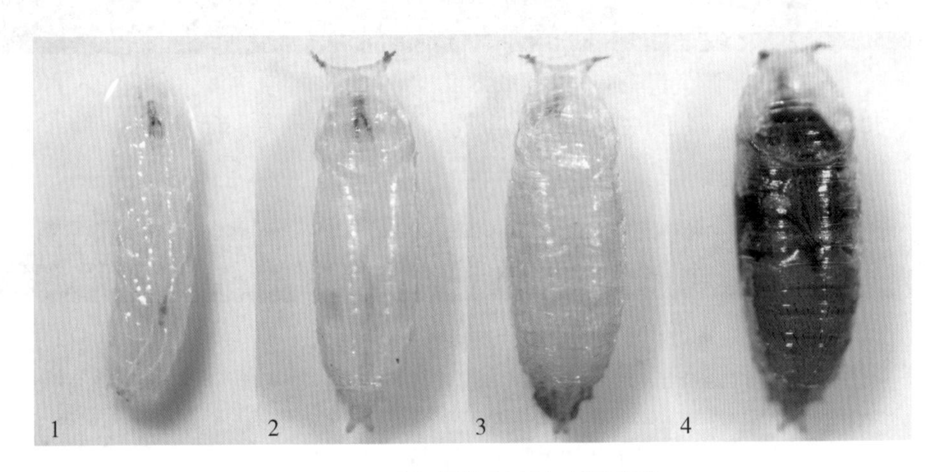

图3－6　果蝇蛹发育过程（背面观）

1—化蛹前；2，3—化蛹中；4—羽化前

（5）成虫。刚羽化的成虫体型较长，色浅，翅柔软不平展，腹部干瘪，透过腹部体壁，可以看到黑色的消化系统。几个小时后，成虫身体变得饱满，体色加深，双翅展开。在 25 ℃条件下培养时，三龄幼虫成蛹后约 4 d 开始羽化。

（6）温度与生活史。果蝇生活周期长短与培养温度密切相关，在适宜温度范围内，温度越高果蝇的发育速度越快，生活周期和成虫寿命越短。20 ℃时，受精卵发育成成虫约需 15 d；25 ℃时，需 10 ～ 12 d。果蝇生活的适宜温度是 20 ～ 25 ℃，过高或过低均对其生存不利。大于 30 ℃时会引起果蝇不孕或死亡，35 ℃时受精卵只能发育至幼虫期，之后全部死亡；低于 10 ℃时果蝇的生活力低下。成虫的寿命随温度也有很大变化，培养温度 15 ℃时寿命可达 75 ～ 80 d，25 ℃时寿命约 54 d，30 ℃时寿命只有 30 d 左右。

3.4.2 果蝇的麻醉处理

果蝇成虫非常活泼，在进行果蝇的性状观察、性别鉴定以及杂交亲本接种等操作中，必须先将果蝇麻醉，使其保持安静状态。具体操作方法如下：

（1）转移果蝇。准备一只配有脱脂棉塞的麻醉瓶，将果蝇全部转移到麻醉瓶中（图 3 －7）。麻醉瓶用与培养瓶口径一致的灭菌空培养瓶/管即可。

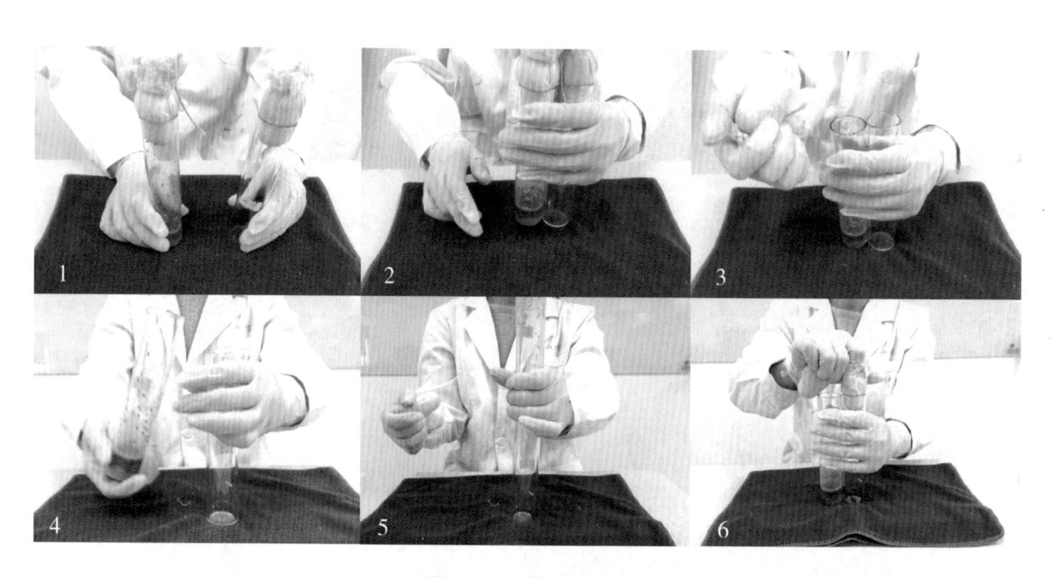

图 3 －7 转移果蝇

1—准备一支空管作为麻醉管；2—抓住两管（麻醉管在左）在毛巾上振荡，使果蝇落到培养管底部；3—取下培养管和麻醉管的棉塞；4—迅速将培养管叠加到麻醉管上，对齐管口；5—握紧两管接口处，在毛巾上振荡，使果蝇全部落入麻醉管中；6—转移完毕，塞上棉塞（先塞麻醉管）

（2）麻醉果蝇。将麻醉瓶中的果蝇振荡至瓶底，迅速取下棉塞，在棉塞内侧滴 3 ～ 5 滴乙醚溶液，再迅速将棉塞塞上，约 1 min 后果蝇即处于麻醉状态（图 3 －8）。

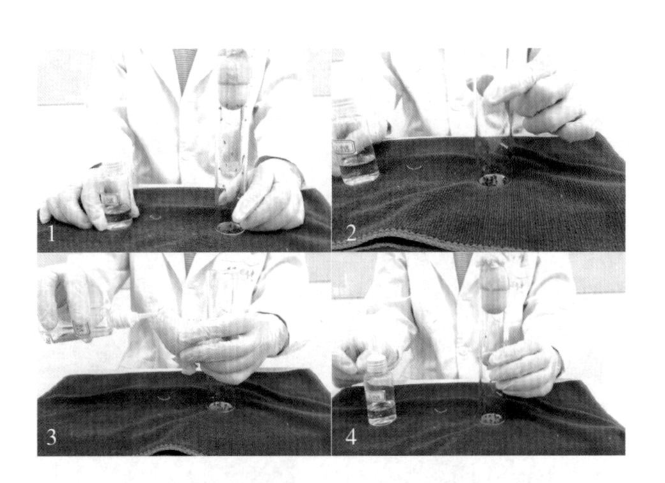

图3-8　麻醉果蝇

1—打开乙醚瓶盖；2—将果蝇震荡至管底；3—迅速取下棉塞滴加乙醚溶液；4—塞上棉塞

处于麻醉状态的果蝇，翅紧贴体壁，不再活动。如果蝇翅与体壁呈45°翻转，表明麻醉过度，果蝇死亡（图3-9）。麻醉时间过久或乙醚过量均会导致麻醉过度。果蝇应该麻醉到哪种程度，视具体实验要求而定，对于仍需继续培养的果蝇，以轻度麻醉为宜；对于只用于观察不再继续培养的果蝇，可以深度麻醉或麻醉致死。

图3-9　正常麻醉的果蝇（左）和麻醉过度的果蝇（右）

待果蝇全部昏迷后，将其倒在白瓷板或白纸板上，用毛笔刷轻轻移动，根据需要用肉眼、放大镜或解剖镜进行观察。观察后的果蝇，如不需要继续培养务必处死。处死方法：倒入盛有70%乙醇溶液的处死瓶中。

如观察过程中果蝇苏醒，可取一培养皿，用双面胶粘一小团脱脂棉在皿的底部，滴适量无水乙醚于脱脂棉上，将皿倒扣在果蝇上再麻醉片刻。

3.4.3 果蝇形态观察

本实验共有5个品系的果蝇，涉及眼色、翅形、体色、刚毛形态等性状。

（1）白眼。野生型眼为红色，突变型为白色（图3-10）。

图3-10 黑腹果蝇白眼突变

（2）卷刚毛。野生型刚毛长而直，突变型刚毛弯曲如烧焦状（图3-11）。

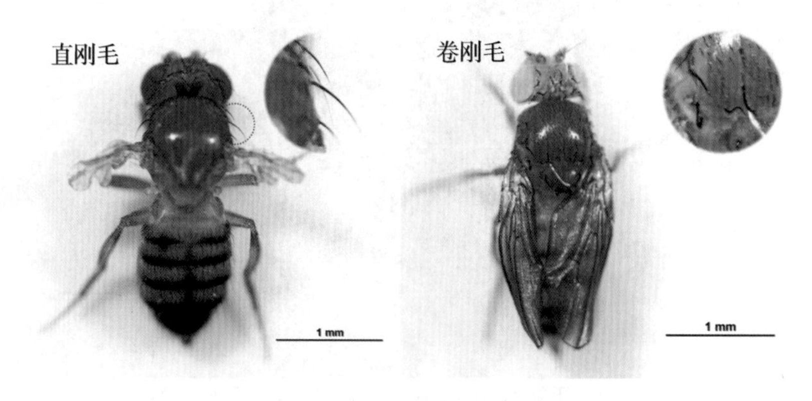

图3-11 黑腹果蝇卷刚毛突变

（3）黑体。野生型体色为灰褐色，突变型体呈乌木色，黑亮（图3-12）。

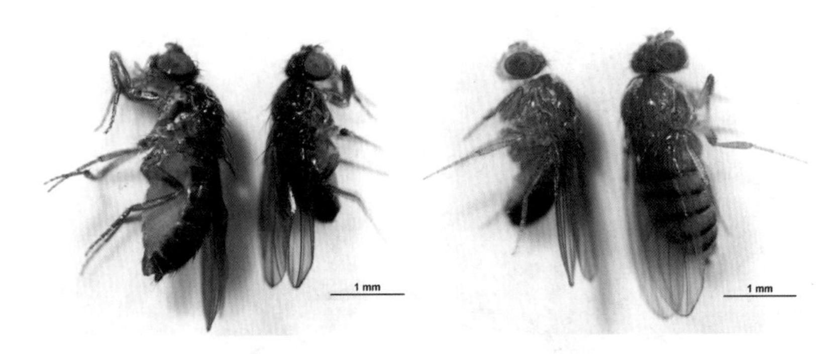

图3－12　野生型灰褐体与突变型黑体

（4）残翅。野生型为长翅，腹部末端至翅尖的距离超过身体的1/3；突变型翅膀明显退化，只有少量残留，不能飞（图3－13）。

（5）小翅。野生型为长翅，突变型为小翅，翅膀不超过身体，刚盖住腹部末端（图3－13）。

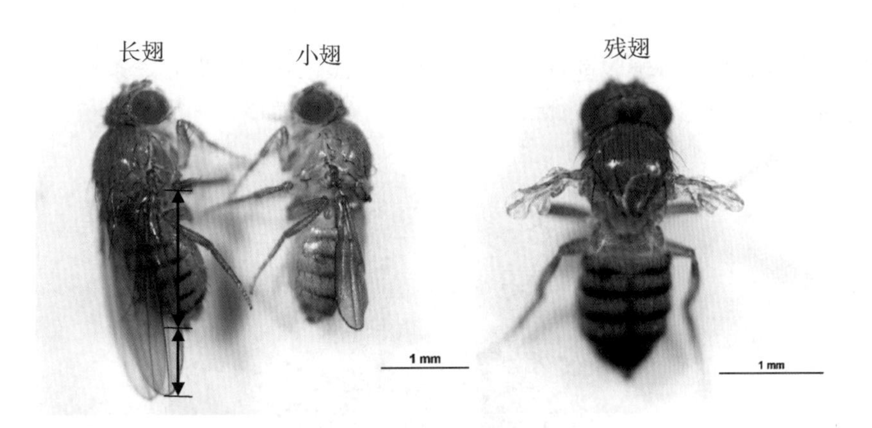

图3－13　长翅、小翅和残翅果蝇

3.4.4　成蝇雌雄区分

雌雄成蝇形态上的区别主要有以下几点：

（1）体型。雄性体型较小。

（2）外生殖器。雄蝇的外生殖器颜色深，于腹部末端呈一黑亮的小点，雌性的外生殖器色浅，无黑点。

（3）腹部末端。雄性腹部末端钝圆，雌性腹部末端尖长。

（4）腹部腹面。雄性有4个腹片，雌性有6个（图3－14）。

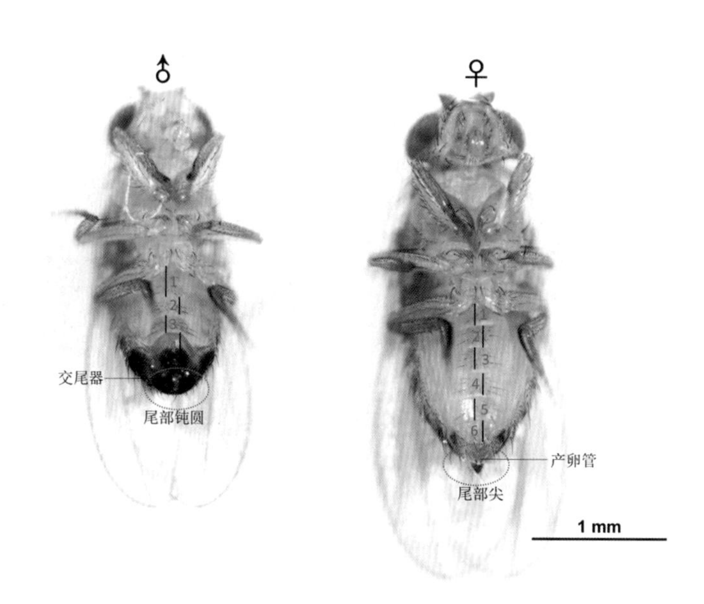

图 3－14　雌蝇和雄蝇腹面观

（5）腹部背面。雄蝇腹部背面只能看到 3 条黑色环纹，最后一条环纹由腹部末端体节组成，一直延伸到尾部；雌蝇有 5 条环纹（图 3－15）。

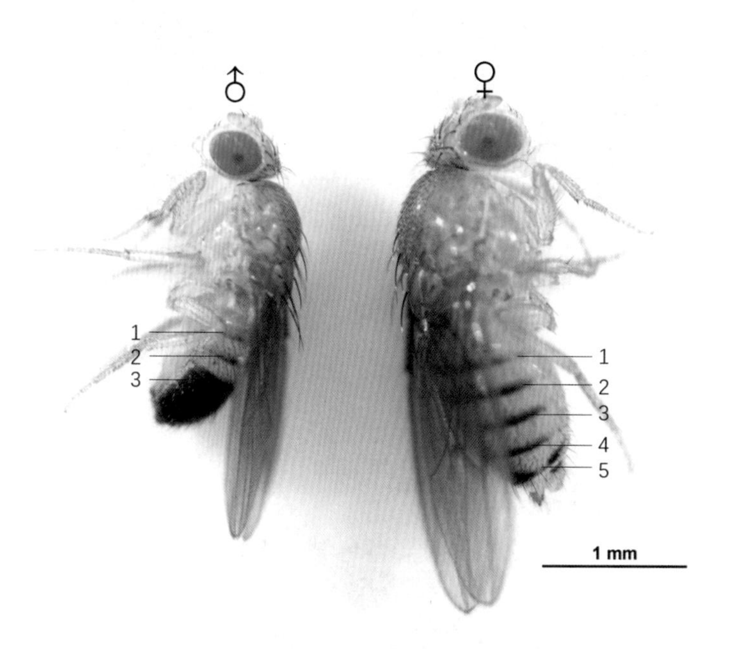

图 3－15　雌、雄果蝇侧面观（腹部背面环纹）

（6）性梳。雄蝇第一对足的跗节前端有黑色鬃毛状性梳，雌蝇无性梳（图 3－16）。

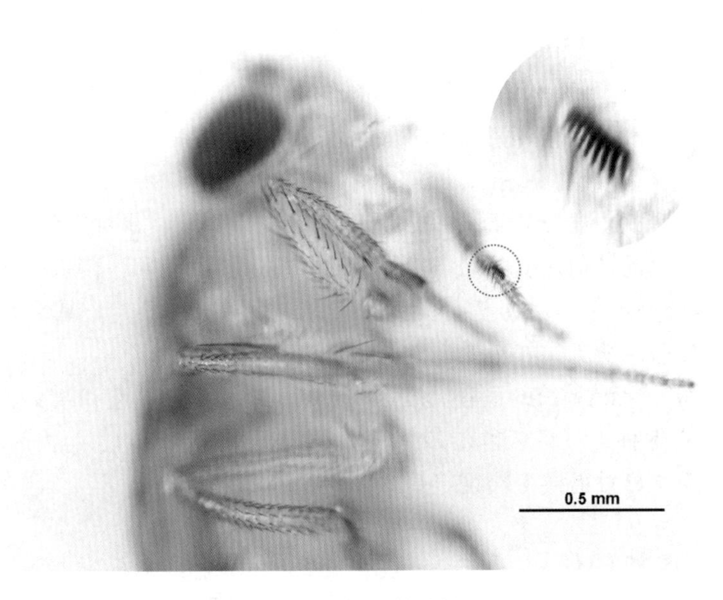

图 3－16　雄果蝇的性梳

通常体型、外生殖器、腹部末端性状和腹部背面环纹肉眼即可分辨果蝇的性别，比较容易观察。但是刚羽化的果蝇体色较浅，上述特征不明显，这时可通过放大镜或体视显微镜观察性梳进行辨别。

3.4.5　果蝇的饲养

在无食物供给的情况下，果蝇可存活 50 h 左右；在无水供给的情况下，果蝇无法活过一天。果蝇在野外主要以腐烂的水果为食，实验室饲养主要使用人工配制的培养基或水果。

（1）准备工作。配制培养基前，需将培养管/瓶及棉塞于 120 ℃ 干燥箱中灭菌 8 h 以上，或使用一次性无菌培养瓶。

（2）培养基的配制。果蝇以酵母菌为食，常采用发酵的培养基繁殖酵母菌来饲养果蝇。培养基的配制方法有很多种，如香蕉培养基、玉米粉培养基等。本实验采用麸皮和玉米培养基，其配方为：水 1 000 mL，琼脂粉 10 g，麸皮 80 g，玉米粉 20 g，红糖 90 g，酵母粉 10 g，丙酸 7 mL。

量取 1 000 mL 水，倒入电饭锅中。按照配方依次分别称取琼脂粉、玉米粉、麸皮、红糖，加入水中，搅拌均匀，在煮粥模式下加热 1.0 ～ 1.5 h（沸腾以后继续加热 30 min 以上）。然后加入丙酸，搅拌均匀，继续加热片刻。最后加入酵母粉，搅拌均匀。待稍冷却后，分装至培养管或培养瓶中。

（3）培养基的分装。将培养管/瓶直立放在桌面上，缓慢将培养基倒入培养管/瓶中，尽量避免培养基粘到管壁上。一般培养基在培养管/瓶中的高度在 2 cm 左右即可。分装好之后塞上棉塞，直立静置，待冷却凝固。

分装时应掌握好培养基的温度，温度太高，烫手；温度太低，培养基会变得黏稠，倾倒的过程中容易粘管壁。

刚凝固的培养基因为管壁上附着很多水珠会黏住果蝇翅，不能立即使用，一般需在室温下放置1～2 d，待管壁上的水汽挥发后才能使用。因此，培养基要在使用前提前配制。

（4）接种果蝇。每个培养管/瓶接种5～8对果蝇。将果蝇麻醉后倒在白瓷盘上，用毛笔刷将果蝇轻轻扫入横卧的培养管/瓶中，塞上管/瓶塞。待果蝇苏醒后再竖起培养管/瓶，以防果蝇粘在培养基上。贴上标签，写明接种日期、品系名称等信息，第二天检查果蝇存活情况，如有死亡，及时补充。

（5）培养。果蝇生长的适宜温度为20～25 ℃，一般繁殖和杂交实验培养温度为25 ℃；若旨在保种，可将亲本在22 ℃条件下培养1周，待幼虫孵出后移至18 ℃左右的条件下培养，每月更换1次培养基。

3.5 思考和作业

（1）列表说明所观察到的果蝇雌雄成蝇的形态差别。

（2）绘制果蝇性梳形态图。

（3）观察果蝇形态，完成表3－2。

表3－2 果蝇性状观察结果

品系编号	性状			
	眼色	翅形	刚毛形态	体色
2#				
6#				
18#				
22#				
e#				

参考文献

［1］王金发，何炎明，戚康标．遗传学实验教程［M］．北京：高等教育出版社，2008.

［2］张治军，郦卫弟，等．温度对黑腹果蝇生长发育、繁殖和种群增长的影响［J］．浙江农业学报，2013，25（3）：520－525.

［3］张霞，敖清艳，等．容器大小对不同基因型果蝇发生量影响的遗传分析［J］．石河子大学学报（自然科学版），2004（4）：325－329.

实验四　果蝇单因子杂交

4.1　实验目的

（1）掌握果蝇杂交方法和单因子杂交实验数据统计分析方法。

（2）验证基因分离定律。

4.2　实验原理

基因分离定律是遗传学的三大定律之一。一对杂合状态的等位基因（如 *Aa*），在形成配子时相互分离，分别进入不同配子，产生 1∶1 分离比，子二代（F2）性状产生 3∶1 分离比。

Vg 和 *vg* 是位于Ⅱ号染色体上的一对等位基因，基因型为 *VgVg* 或 *Vgvg* 的果蝇为长翅；基因型 *vgvg* 的果蝇为残翅。用长翅纯合个体（*VgVg*）与残翅纯合个体（*vgvg*）杂交，F1 均为长翅（*Vgvg*）。子一代（F1）雌雄相互交配，若 F2 中长翅∶残翅 = 3∶1（图 4－1），则符合基因分离定律。

本实验以野生型果蝇和残翅突变型果蝇为亲本进行杂交，验证基因分离定律。

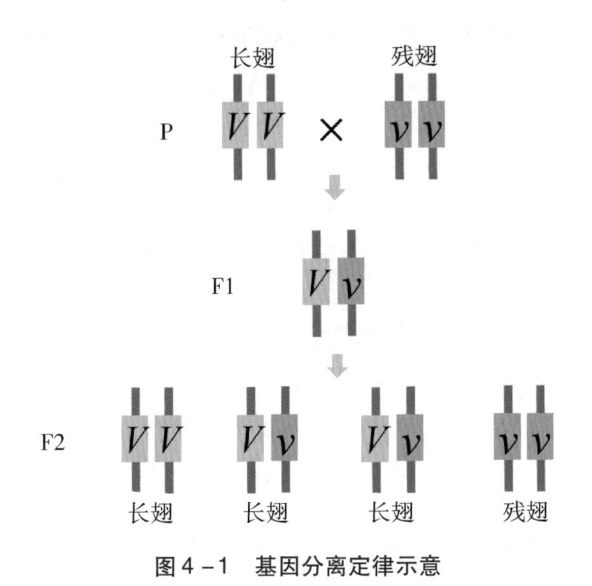

图 4－1　基因分离定律示意

4.3 实验材料、器具和试剂

4.3.1 实验材料

黑腹果蝇品系：野生型（18#），残翅突变型（2#）。

4.3.2 实验设备和用具

体视显微镜，光照培养箱，空培养管/瓶，含培养基的培养管/瓶，放大镜，白瓷板，毛笔等。

4.3.3 实验试剂

无水乙醚。

4.4 实验方法和步骤

（1）收集处女蝇。未交配过的雌蝇即为处女蝇。在 25 ℃条件下培养野生型和残翅突变型果蝇。待培养基中出现大量幼虫时（接种大概 5 d 后）将培养管中的成蝇处死。再过 3 ～5 d，开始有蛹羽化，出现成蝇时即可开始收集处女蝇。

收集处女蝇之前，清除培养管中的所有成虫，将新羽化出来的果蝇在 12 h（8 h 更可靠）之内转入空培养管中。麻醉果蝇后，仔细区分雌蝇和雄蝇，用毛笔轻轻将它们分开，分别饲养在新的培养管中。反复收集，直到得到足量的处女蝇。

雌蝇生殖器官中有贮精囊，一次交配可储存大量精子，供多次排卵受精之用。杂交使用的雌蝇若已交配，实验结果将会受到干扰。因此，以果蝇为材料进行的杂交实验一般需要提前收集处女蝇。

（2）杂交。每支培养管中放入处女蝇各 3 ～5 只，另放入雄蝇 2 ～3 只，正反交各1 ～2管，做好标记，于 25 ℃条件下培养。第二天检查亲本成活情况，若有死亡，应及时补充。

正交：野生型品系 ♂ ×残翅突变型品系♀。

反交：残翅突变型品系♀×野生型品系 ♂ 。

（3）移除亲本。约一周后，将亲本全部移出、处死。

（4）观察统计 F1。4 ～5 d 后，F1 成虫出现。观察正反交中 F1 个体翅的形态，并将观察结果填入表4 -1 中。

（5）F1 互交。选取 5 ～8 对 F1 转入新的培养瓶内，于 25 ℃条件下培养。第二天检查 F1 成活情况，若有死亡，应及时补充。

（6）移除 F1。约一周后，将 F1 全部移出、处死。

（7）观察 F2。3 ～4 d 后，F2 成虫出现。观察 F2 的表型，将统计结果填入表 4

-2 中，持续观察 5～7 d。

在 25 ℃培养条件下，果蝇最快 10 d 可繁殖一代，因此，F2 的观察统计时间不能超过 F1 互交接种后第 20 d，最好控制在 18 d 以内，否则可能混入子三代（F3），干扰实验结果。

表 4-1　F1 观察结果记录

日期	正交（只）		反交（只）		合计（只）
	长翅	残翅	长翅	残翅	
……					
……					
合计					
比例					—

表 4-2　F2 观察结果记录

日期	正交（只）		反交（只）		合计（只）
	长翅	残翅	长翅	残翅	
……					
……					
合计					
比例					—

（8）数据处理及分析。将实验结果汇总后，用卡方检验验证实验结果是否符合基因分离定律。

4.5　思考和作业

（1）详细记录实验结果，统计实验结果并分析是否与基因分离定律相符。

（2）为什么要做反交实验？

（3）杂交中雌性亲本为什么需要使用处女蝇？F1 代互交为什么不需要使用处女蝇？

附：杂交试验常用符号

P：亲本；♀：母本；♂：父本；×：杂交；⊗：自交；F1：杂交 1 代；F2：杂交 2 代。

参考文献

[1] 贺竹梅. 现代遗传学教程 [M]. 北京：高等教育出版社，2011.
[2] 郭善利，刘林德. 遗传学实验教程 [M]. 北京：科学出版社，2010.
[3] 刘祖洞，江绍慧. 遗传学实验 [M]. 北京：高等教育出版社，1987.
[4] 汤志宏，黄琳. 遗传学实验 [M]. 青岛：中国海洋大学出版社，2011.
[5] 王金发，何炎明，戚康标. 遗传学实验教程 [M]. 北京：高等教育出版社，2008.

实验五　果蝇的伴性遗传

5.1　实验目的

（1）掌握伴性基因与非伴性基因遗传规律的区别。

（2）验证并加深理解伴性遗传规律。

5.2　实验原理

位于性染色体上的基因称为伴性基因，其遗传方式与位于常染色体上的基因有一定的差别，它们在亲代与子代之间的传递方式与性别有关，该遗传方式称为伴性遗传。在哺乳动物中，伴性基因主要位于 X 染色体上，Y 染色体上没有相应的等位基因，因此，伴性遗传又称为 X 连锁遗传。伴性遗传有两大特征：一是正反交结果不同；二是有交叉遗传现象，即子代雄性个体的 X 染色体均来自母体，而父代的 X 染色体只能传递给子代的雌性个体。

果蝇具有 X 和 Y 两种性染色体，雌性为 XX，雄性为 XY。果蝇的红眼和白眼是由一对位于 X 染色体上的等位基因（*Ww*）控制的相对性状。本实验用白眼雌蝇（X^wX^w）和红眼雄蝇（X^WY）（正交）、红眼雌蝇（X^WX^W）和白眼雄蝇（X^wY）杂交（反交），验证伴性遗传规律（图 5－1）。如其符合伴性遗传规律，则：①正交 F1 雌性均为红眼，雄性都是白眼，反交 F1 无论雌雄均为红眼；②正交 F2 红眼与白眼比例在雌蝇和雄蝇中均为 1∶1；反交 F2 红眼与白眼的比例为 3∶1，其中雌性均为红眼，雄性红眼∶白眼 =1∶1。

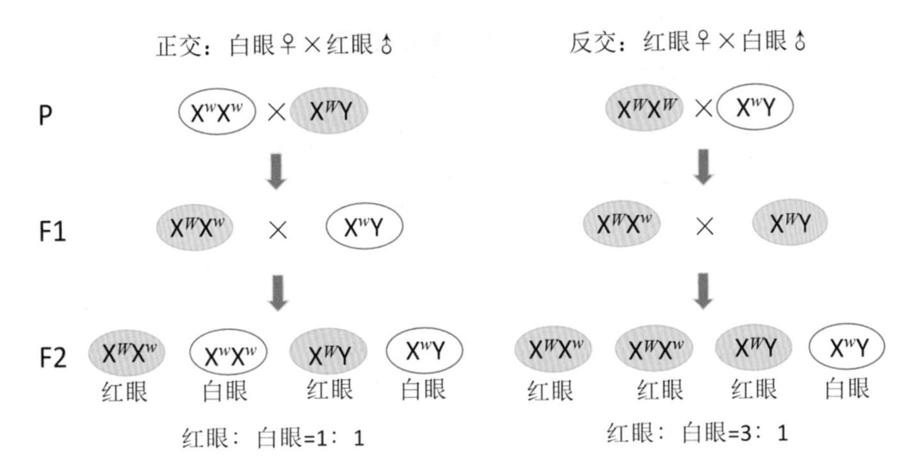

图 5－1　果蝇眼色伴性遗传示意

5.3 实验材料、用具和试剂

5.3.1 实验材料

果蝇品系：野生型（18#），白眼突变型（22#）。

5.3.2 实验用具

体视显微镜、光照培养箱、空培养管/瓶、含培养基的培养管/瓶、放大镜、白瓷板、毛笔等。

5.3.3 实验试剂

无水乙醚等。

5.4 实验方法和步骤

（1）收集处女蝇（同4.4）。

（2）杂交。每支培养管中放入处女蝇各3～5只，另放入雄蝇2～3只，正反交各1～2管，做好标记，于25 ℃条件下培养。第二天，检查亲本成活情况，若有死亡，应及时补充。

正交：红眼♂×白眼♀。

反交：红眼♀×白眼♂。

（3）移除亲本。约一周后，将亲本全部移出、处死。

（4）观察统计F1。4～5 d后，F1成虫出现。观察正反交F1形态，并将统计结果填入表5－1中。

表5－1　F1观察结果记录

日期	正交（只）				反交（只）			
	雌蝇		雄蝇		雌蝇		雄蝇	
	红眼	白眼	红眼	白眼	红眼	白眼	红眼	白眼
……								
……								
合计								
比例								

（5）F1互交。选取5～8对F1转入新的培养瓶内，于25 ℃条件下培养。第二天检查F1成活情况，若有死亡，应及时补充。

（6）移除F1。约一周后，将F1全部移出、处死。

（7）观察F2。3～4 d后F2成虫出现，观察F2的眼色，将统计结果填入表5－2中，持续观察一周。

表5－2　F2观察结果记录

日期	正交（只）				反交（只）			
	雌蝇		雄蝇		雌蝇		雄蝇	
	红眼	白眼	红眼	白眼	红眼	白眼	红眼	白眼
……								
……								
合计								
比例								

（8）数据处理及分析。将实验结果汇总后，进行卡方检验，验证实验结果是否符合伴性遗传规律。

5.5　思考和作业

（1）详细记录实验结果，统计实验结果并分析是否符合伴性遗传规律。

（2）为什么必须进行反交？

（3）红眼雌蝇和白眼雄蝇杂交，F1是否有可能出现白眼？为什么？

参考文献

[1] 贺竹梅．现代遗传学教程［M］．北京：高等教育出版社，2011.

[2] 郭善利，刘林德．遗传学实验教程［M］．北京：科学出版社，2010.

[3] 刘祖洞，江绍慧．遗传学实验［M］．北京：高等教育出版社，1987.

[4] 汤志宏，黄琳．遗传学实验［M］．青岛：中国海洋大学出版社，2011.

[5] 王金发，何炎明，戚康标．遗传学实验教程［M］．北京：高等教育出版社，2008.

实验六　果蝇双因子自由组合

6.1　实验目的

（1）掌握果蝇两对相对性状杂交的原理和方法。

（2）理解自由组合定律的原理。

6.2　实验原理

基因自由组合定律是在基因分离定律的基础上建立起来的。位于同源染色体上的等位基因在减数分裂形成配子时，按照分离定律彼此分离，进入不同的配子中，而非等位基因随机自由组合进入同一配子。由于配子随机结合，这些基因所决定的性状在杂种二代中是自由组合的，即一对同源染色体上的等位基因与另一对同源染色体上的等位基因的分离或组合完全独立，互不干扰。

按照自由组合定律，在显性作用完全的条件下，两对非等位基因自由组合，F2有4种表现型，它们的比例为9：3：3：1。

双因子杂交即选择位于非同源染色体上的两对等位基因进行杂交。本实验选择果蝇的长翅和残翅、灰体和黑体这两对相对性状进行试验。灰体基因（E）和黑体基因（e）为一对等位基因，位于Ⅲ号染色体；长翅基因（Vg）和残翅基因（vg）为另一对等位基因，位于Ⅱ号染色体。这两对基因没有连锁关系，如果符合自由组合定律，则F2中灰体长翅：灰体残翅：黑体长翅：黑体残翅的比例符合9：3：3：1（图6－1）。

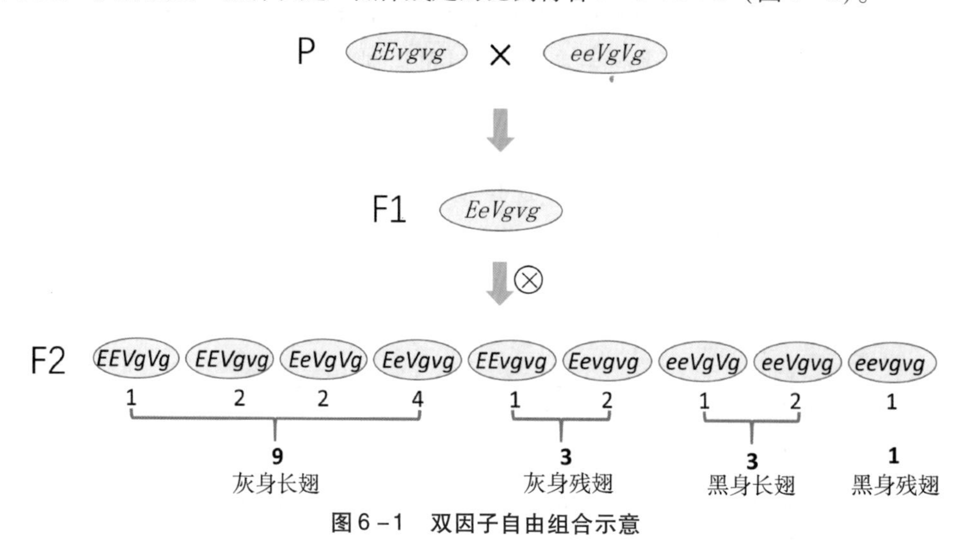

图6－1　双因子自由组合示意

6.3　实验材料、用具和试剂

6.3.1　实验材料

灰体残翅果蝇（$2^{\#}$）：*EEvgvg*，黑体长翅果蝇（e）：*eeVgVg*。

6.3.2　实验用具

体视显微镜、光照培养箱、空培养管/瓶、含培养基的培养管/瓶、放大镜、白瓷板、毛笔等。

6.3.3　实验试剂

无水乙醚等。

6.4　实验方法和步骤

（1）收集处女蝇（同4.4）。

（2）杂交。每支培养管中放入处女蝇各3～5只，另放入雄蝇2～3只，正反交各1～2管，做好标记，于25 ℃条件下培养。第二天检查亲本成活情况，若有死亡，应及时补充。

正交：$2^{\#}$（灰体残翅）♂×$e^{\#}$（黑体长翅）♀。

反交：$2^{\#}$（灰体残翅）♀×$e^{\#}$（黑体长翅）♂。

（3）移除亲本。约一周后，将亲本全部移出、处死。

（4）观察统计F1。4～5 d后F1成虫出现，观察正反交F1翅形和体色，并将统计结果填入表6－1中。

表6－1　F1观察结果记录

日期	正交（只）				反交（只）			
	灰体长翅	灰体残翅	黑体长翅	黑体残翅	灰体长翅	灰体残翅	黑体长翅	黑体残翅
……								
……								
合计								
比例								

（5）F1互交。选取5～8对F1转入新的培养瓶内，于25 ℃条件下培养。第二天检查F1成活情况，若有死亡，应及时补充。

（6）移除F1。约一周后，将F1全部移出、处死。

（7）观察F2。3～4 d后F2成蝇出现，观察F2的翅形和体色，将统计结果填入表6－2中，持续观察一周。

表6－2　F2观察结果记录

日期	正交（只）				反交（只）			
	灰体长翅	灰体残翅	黑体长翅	黑体残翅	灰体长翅	灰体残翅	黑体长翅	黑体残翅
……								
……								
合计								
比例								

（8）数据处理及分析。将实验结果汇总后，进行卡方检验，验证实验结果是否与基因自由组合定律相符。

6.5　思考和作业

（1）详细记录实验结果，统计分析实验结果是否与基因自由组合定律相符。

（2）分析实验成功的经验或失败的原因。

（3）F1互交实验中，为什么无须处女蝇？

参考文献

[1] 贺竹梅．现代遗传学教程［M］．北京：高等教育出版社，2011.

[2] 郭善利，刘林德．遗传学实验教程［M］．北京：科学出版社，2010.

[3] 刘祖洞，江绍慧．遗传学实验［M］．北京：高等教育出版社，1987.

[4] 汤志宏，黄琳．遗传学实验［M］．青岛：中国海洋大学出版社，2011.

[5] 王金发，何炎明，戚康标．遗传学实验教程［M］．北京：高等教育出版社，2008.

实验七　三点测交的基因定位方法

7.1　实验目的

（1）掌握利用果蝇进行三点测交的实验数据统计和分析方法。

（2）掌握利用三点测交法绘制遗传图的原理和方法。

7.2　实验原理

基因连锁和交换定律是遗传学第三定律。连锁基因随非姐妹染色单体的交换而发生交换，产生交换型配子，由交换型配子形成的子代叫重组型子代。重组型子代在所有子代中所占的比例即重组值（recombination frequency，Rf）。重组值越大说明基因交换频率越高。

基因在染色体上是呈直线排列的，一般而言，两个等位基因相距越远，发生交换的机会越大，即交换率越高；反之，相距越近，交换率越低。因此重组值可以用来反映同一染色体上两个基因之间的相对距离，即基因图距（map distance）。根据基因图距，可以把基因顺序地排列在染色体上，绘制出基因连锁图。

基因图距的单位称为图距单位，规定1%重组值为一个图距单位，图距单位用厘摩（centimorgen，cM）表示，1 cM 即为1%重组值去掉百分号的数值。

三点测交（three-point test cross）是涉及三个连锁基因的测交，是确定基因在染色体上的相对位置的常用方法。它是指用三杂合体 *abc*/＋＋＋与三隐性纯合体 *abc*/*abc* 测交，其中，“＋”表示野生型相对于隐性突变基因为显性，因此子代表型只与三杂合体形成的配子相关。如果三杂合体在形成配子时基因发生交换，则会形成重组型配子，因此，统计分析子代的类型和比例，即可计算出基因 *a* 与 *b*，*a* 与 *c*，*b* 与 *c* 之间的重组率，一次实验便可测出三个连锁基因在染色体上的相对距离和顺序，绘制出遗传图。

果蝇红眼/白眼、长翅/小翅、直刚毛/焦刚毛是位于 X 染色体上的三对相对性状。用野生型（红眼、长翅、直刚毛，＋/＋/＋）雄果蝇与三隐性（白眼、小翅、焦刚毛，$m/sn^3/w$）雌果蝇杂交，得到三因子杂合 F1（图7－1）。假定三个基因在染色体上的顺序为 $m-sn^3-w$，如果非姊妹染色单体没有发生交换，或发生交换的位置与三个连锁基因无关，则 F1 只形成2种亲本型配子：＋/＋/＋和 $m/sn^3/w$；反之，除形成两种亲本配子外，还可能形成6种重组型配子（图7－2）。其中，发生在 m 和 sn^3 之间，以及 sn^3 和 w 之间的为单交换；位于中间的基因 sn^3 与其等位基因之间的交换相当于在基因 m 和基因 sn^3 之间、基因 sn^3 和基因 w 之间发生两次单交换。

发生单次交换的概率通常较小，而发生两次单交换的概率就更小，因此，只要测定三点测交所有子代的表型和数量，其中重组值最低的则可判定为发生了两次单交换，相应的基因就是位于三个连锁基因中间的基因，从而可以确定三个基因在染色体上的相对顺序。

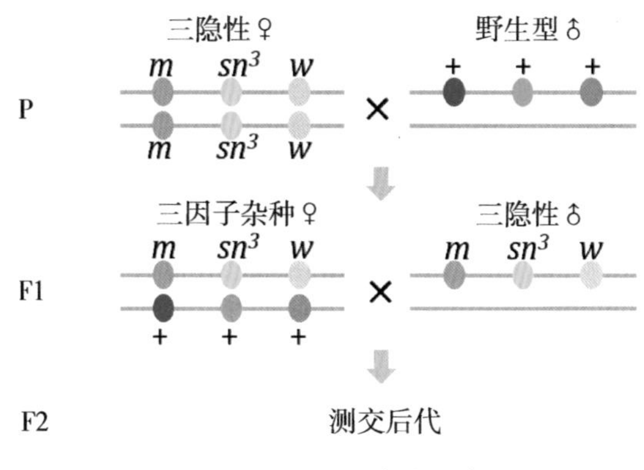

图7－1 三因子杂交示意

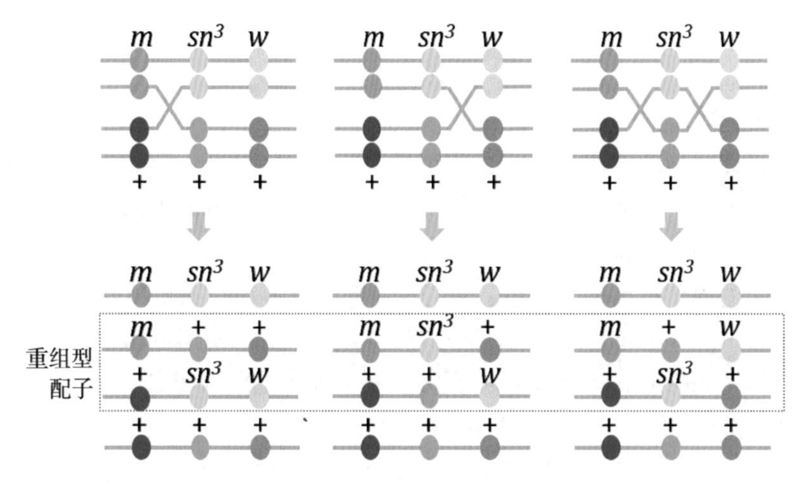

图7－2 三因子在非姐妹染色单体之间的交换与配子形成示意

7.3 实验材料、用具和试剂

7.3.1 实验材料

18#野生型果蝇（＋＋＋/Y，红眼、长翅、直刚毛），6#三隐性突变型果蝇（$m\ sn^3\ w/m\ sn^3\ w$，白眼、小翅、焦刚毛）

7.3.2 实验用具

体视显微镜、光照培养箱、空培养管/瓶、含培养基的培养管/瓶、放大镜、白瓷板、毛笔等。

7.3.3　实验试剂

无水乙醚等。

7.4　实验方法和步骤

（1）收集处女蝇（同4.4）。

（2）杂交。每支培养管中放入三隐性突变型处女蝇各3～5只，另放入野生型雄蝇2～3只，做好标记，于25 ℃条件下培养。第二天检查亲本成活情况，若有死亡，应及时补充。

（3）移除亲本。约一周后，将亲本全部移出、处死。

（4）观察统计F1。4～5 d后F1成虫出现，观察F1性状，正常情况下F1雌性应全部为野生型表型，即红眼长翅直刚毛；雄性则全部为三隐性表型，即白眼小翅焦刚毛。

（5）F1互交。选取5～8对F1果蝇转入新的培养瓶内，于25 ℃条件下培养。第二天检查F1成活情况，如有死亡，应及时补充。

（6）移除F1。约一周后，将F1全部移出、处死。

（7）观察F2。3～4 d后F2成虫出现，观察F2的性状，将统计结果填入表7－1中，持续观察一周。

表7－1　三点测交F2观察结果记录

类　别	表　现　型	观　察　数（只）							
		第1天	第2天	第3天	第4天	第5天	第6天	第7天	合计
亲本型	红眼长翅直刚毛								
	白眼小翅焦刚毛								
交换型	红眼小翅焦刚毛								
	白眼长翅直刚毛								
	白眼小翅直刚毛								
	红眼长翅焦刚毛								
	白眼长翅焦刚毛								
	红眼小翅直刚毛								
合计									

（8）数据处理及分析。将实验结果汇总至表7－2，计算三个基因间的重组值和基因图距，并绘制遗传连锁图。

表 7-2　三点测交 F2 果蝇数据分析

类别	表现型	基因型	观察数	重组发生位置		
				$m-sn^3$	sn^3-w	$m-w$
亲本型	红眼长翅直刚毛	$m\ sn^3 w$				
	白眼小翅焦刚毛	+ + +				
交换型	红眼小翅焦刚毛	$+sn^3 w$				
	白眼长翅直刚毛	m + +				
	白眼小翅直刚毛	$m\ sn^3$ +				
	红眼长翅焦刚毛	+ + w				
	白眼长翅焦刚毛	$m+w$				
	红眼小翅直刚毛	$+sn^3+$				
合计						
重组值（%）						

在计算基因图距时不能忽视的一个问题是双交换。当两个基因相距很近时，它们之间往往只发生一次交换，因此，重组值等于交换值，此时重组值可以较真实地反映基因间发生交换的情况，能较好的代表基因间的距离；但是，当两基因相距较远时，由于其间发生双交换甚至更多交换的可能性增大，而双交换和偶数多交换产生的交换型配子与亲型配子一样，此时重组型个体不能完全代表交换型配子，重组值小于交换值，交换值被低估，图距偏小，这时需要利用实验数据，加上 2 倍的双交换值进行校正，才能正确估计图距。

另外需要注意的一个问题是干涉。一次单交换可能影响与它邻近的基因发生另一次单交换的可能性的现象即为干涉，又称为染色体干涉。干涉有两种情况：正干涉和负干涉。正干涉是指第一次交换的发生导致其邻近基因发生第二次交换的可能性降低，负干涉则相反。干涉作用的大小通常用并发系数来表示。

$$\text{并发系数}(C) = \frac{\text{实际观察到的双交换频率}}{\text{预期双交换频率}}$$

预期的双交换频率即两次单交换频率的乘积。干涉 $I=1-C$。并发系数愈大，干涉作用愈小，当并发系数 $C=1$ 时，$I=0$，表示没有发生染色体干涉。

7.5　思考和作业

（1）详细记录三点测交的实验结果。

（2）绘制连锁图，并分析是否有干涉发生。

（3）统计的测交子代数要在 200 只以上，为什么？

参考文献

[1] 贺竹梅. 现代遗传学教程 [M]. 北京: 高等教育出版社, 2011.
[2] 郭善利, 刘林德. 遗传学实验教程 [M]. 北京: 科学出版社, 2010.
[3] 刘祖洞, 江绍慧. 遗传学实验 [M]. 北京: 高等教育出版社, 1987.
[4] 汤志宏, 黄琳. 遗传学实验 [M]. 青岛: 中国海洋大学出版社, 2011.
[5] 王金发, 何炎明, 戚康标. 遗传学实验教程 [M]. 北京: 高等教育出版社, 2008.

实验八　果蝇唾腺染色体标本制备与观察

8.1　实验目的

（1）学习制作唾腺染色体标本的方法。

（2）观察果蝇唾腺染色体的特点，根据唾腺染色体上带纹的形态和排列识别不同的染色体。

（3）了解果蝇唾腺染色体在遗传学研究中的意义。

8.2　实验原理

唾腺染色体（salivary gland chromosome）是双翅目昆虫（如摇蚊、果蝇等）幼虫唾腺细胞中的染色体。双翅目昆虫幼虫的整个消化道细胞发育到一定阶段之后就不再进行有丝分裂，而是停止在分裂间期，但细胞核内的DNA复制并没有停止，可以进行多达2^{10}～2^{15}次复制，并且复制后的染色单体不分开，而是上千拷贝的染色质丝平行地排列形成一大束宽而长的带状染色体。该染色体的长度是普通中期相染色体的100～200倍，宽约5 μm，长约400 μm，因此，又称为巨大染色体（giant chromosome）或多线染色体（polytene chromosome）。巨大染色体最早由意大利的细胞学家巴尔比尼（Balbiani）于1881年在摇蚊幼虫的唾腺细胞中发现。此后，1933年，美国学者贝恩特（Painter）等在果蝇和其他双翅目昆虫幼虫的唾腺细胞、肠、气管和马氏管的细胞中也发现了这种染色体。

唾腺染色体具有许多重要特征，经碱性染料染色后，可以观察到深浅不同、密疏各别的横纹，这些横纹的宽窄、位置、数目都具有物种特异性，不同物种、不同染色体的不同部位横纹的形态和位置是固定的，根据这个特征，能准确识别各条染色体以及染色体缺失、重复、倒位、易位等变异。同时，在染色体臂上还可观察到染色体螺旋、膨大形成的疏松区，即巴尔比尼环（Balbiani ring）（图8－1）。巴尔比尼环被认为由基因表达形成，每一个疏松区可能是一个正在转录的区域，当基因不表达时，疏松区又紧缩成可辨的纹带。在果蝇幼虫的不同发育阶段，基因选择性表达，染色体上巴尔比尼环的数目和形态也随着细胞的分化状况而发生改变。运用不同的染色方法可以准确地观察染色体上RNA和DNA的变化情况，结合不同发育阶段细胞中染色体结构和功能的变化，可构建不同基因的活动和细胞分化之间的发育谱。

果蝇体细胞有四对染色体（图8－2），第Ⅰ对为性染色体（XY或XX），其中X染色体为端着丝粒染色体，呈杆状，Y染色体为“J”形；第Ⅱ、第Ⅲ对染色体为中部着丝粒染色体，呈“V”形；第Ⅳ对染色体也为端着丝粒染色体，呈点状。

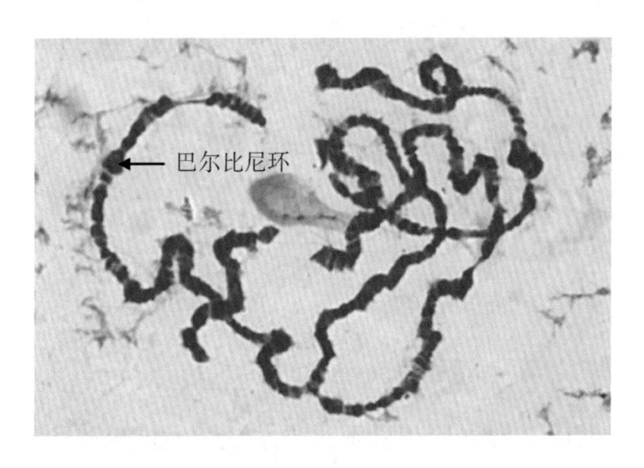

图 8－1　黑腹果蝇唾腺染色体上的巴尔比尼环

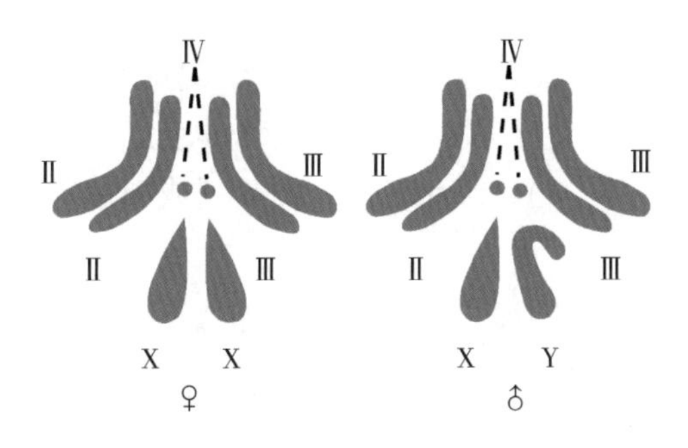

图 8－2　黑腹果蝇核型（贺竹梅，2011）

唾腺染色体形成时，染色体着丝粒和近着丝粒的异染色体区聚在一起，形成染色中心（chromocenter）。X 染色体的一端在染色中心上，另一端游离；Y 染色体着丝粒附近的异染色体参与了染色中心的形成；而第Ⅱ、第Ⅲ对染色体着丝粒在中部，可以从染色中心呈“V”字形向外伸展出四条臂（2 L、2R、3 L、3R）；第Ⅳ对附在染色盘边缘，较短（图 8－3）。因此，制作良好的果蝇唾腺染色体在显微镜下应可见 5 条长臂（X、2 L、2R、3 L、3R）和 1 条短臂（第四条染色体臂不易观察）。

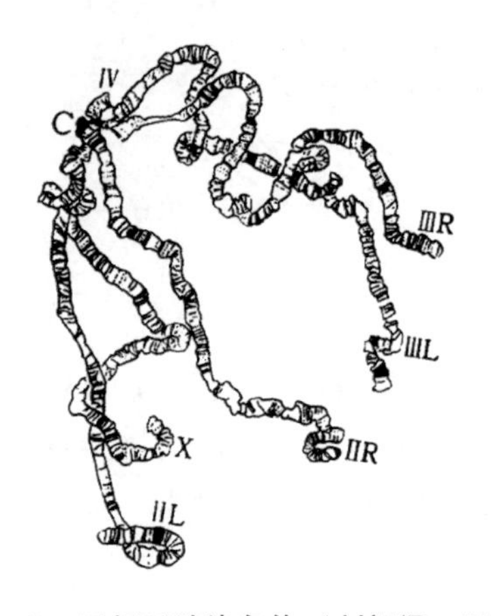

图 8－3　果蝇唾腺染色体（刘祖洞，1987）

C—染色中心；X—X 染色体；ⅡR—2 号染色体右臂；ⅡL—2 号染色体左臂；ⅢR—3 号染色体右臂；ⅢL—3 号染色体左臂；Ⅳ—4 号染色体

8.3 实验材料、器具和试剂

8.3.1 实验材料

果蝇三龄幼虫。

8.3.2 实验用具

体视显微镜，显微镜，解剖针，镊子，吸水纸，短玻璃棒，载玻片，盖玻片，平皿等。

8.3.3 实验试剂

0.7%生理盐水，蒸馏水，1 mol/L HCl，改良苯酚品红染液（附录一），卡诺氏固定液（甲醇：冰醋酸=3：1），无水乙醇，封片剂或中性树胶。

8.4 实验方法和步骤

8.4.1 实验材料准备

（1）三龄幼虫培养。实验前10～15 d接种果蝇，每管3～5对，于25 ℃条件下培养，3～4 d后将温度调至15～20 ℃，处死亲蝇，实验前将培养箱温度调回25 ℃，促使三龄幼虫从培养基中爬出。选取爬到瓶壁上行动迟缓、即将化蛹、个体肥大的三龄幼虫作为实验材料。

如何获得个体肥大的三龄幼虫？

1）培养基营养丰富，含水量高。若培养基营养不够，可在幼虫出现后追加酵母液，每天加1～2滴。酵母液浓度在一龄幼虫时为2%～5%，待二龄幼虫时可提高浓度至10%。

2）低温培养。稍低的温度有利于幼虫生长发育，一般在15～20 ℃条件下培养最好。待三龄幼虫大量爬出培养基时，可将培养瓶移至3～5 ℃冰箱中进行低温处理，阻止其化蛹。这样的幼虫活动慢，易分离出唾腺，而且更易获得染色体分散良好的制片。

3）控制幼虫密度。一般接种3～5对亲蝇，3～4 d后将亲蝇处死。

（2）清洗幼虫体表。在干净的载玻片上滴1滴0.7%生理盐水，用解剖针将幼虫取出放入其中，利用其蠕动洗去虫体表面附着的培养基。可重复操作几次，直至将幼虫体表清洗干净，然后用吸水纸将生理盐水吸干，重新滴1滴生理盐水。

8.4.2 剖取唾腺

（1）区分头尾。虫体头部尖细，有呈黑色的口器（图8-4）。另外，果蝇幼虫的

头部引领身体向前蠕动，这也可作为判断幼虫头部的依据。

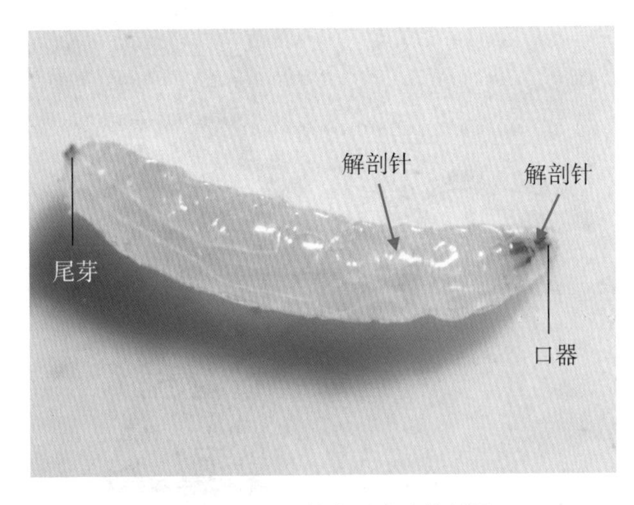

图 8 -4　果蝇幼虫唾液腺的剖取

(2) 两手各持一解剖针，分别压在虫体近头端 1/3 处和头部，适当用力拉扯头部，唾腺随之被拉出（图 8 -5）。可见一对微白、半透明的长形小囊，即为唾腺，其侧面常带有少量颜色稍深的脂肪体（图 8 -6）。若唾腺未被拉出，用解剖针自虫体前 1/3 处轻轻向前挤压，可将其挤出。

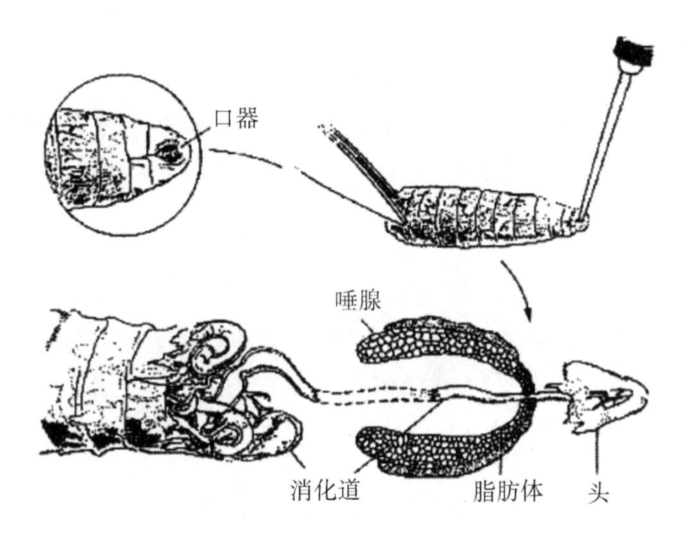

图 8 -5　果蝇唾液腺分离（傅焕延，1987）

图8-6　果蝇唾腺

8.4.3　腺体解离

剥离脂肪体，清除其他杂物，分离出唾腺，用吸水纸小心吸去生理盐水。加1滴1 mol/L HCl，解离2～3 min。

8.4.4　染色

用吸水纸吸去HCl溶液，加1滴蒸馏水。轻轻冲洗后吸干，重复3～4次，洗净残留的盐酸。加1滴改良苯酚品红染液，染色10～20 min（保持染液完全浸泡腺体）。

8.4.5　压片

染色完成后，盖上盖玻片，盖玻片上覆一层滤纸，用大拇指稍用力压盖玻片。然后用铅笔头轻敲盖玻片，使唾腺细胞核破裂，核中的染色体舒展开来。

8.4.6　观察

将压好的玻片标本先放在低倍镜下找到视野，然后转到高倍镜下观察，评估染色体的制片质量。

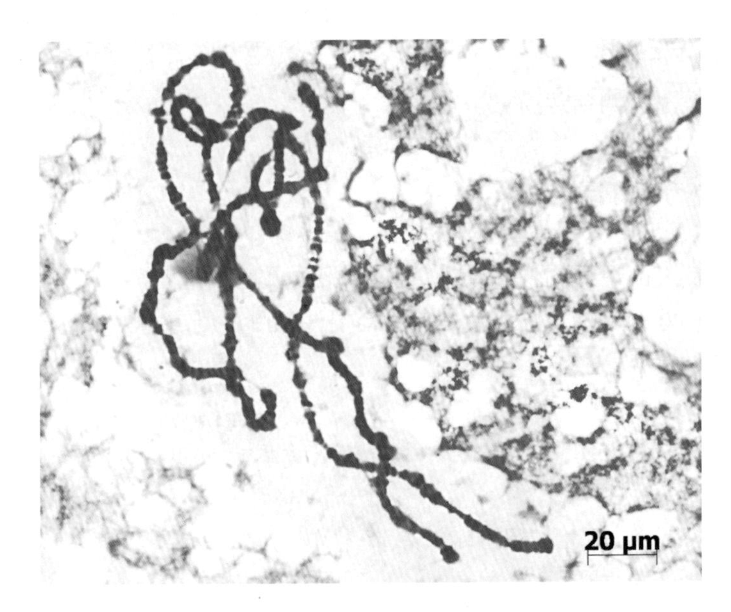

图 8－7　黑腹果蝇唾腺染色体

8.4.7　永久装片制作

（1）将分裂相多、染色体伸展良好的临时装片倒放（盖玻片面朝下）在装有卡诺氏固定液的培养皿中，一端搭在短玻璃棒上（图 8－8），固定液没过盖玻片即可，使盖玻片自然脱落，此时大部分材料位于盖玻片上。

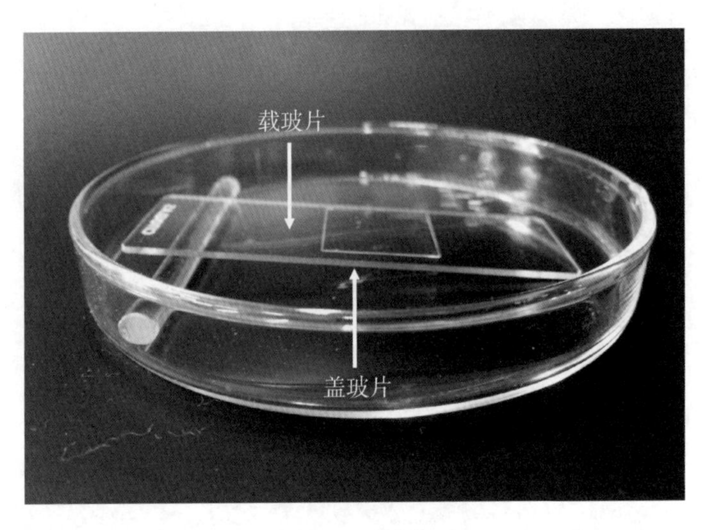

图 8－8　脱片

（2）用小镊子将脱落的盖玻片转移到无水乙醇中（含有材料的一面向上），脱水 10 min，取出后材料面向上放在一张干净滤纸上自然晾干。

（3）在一张干净的干燥载玻片上加一小滴中性树胶，将盖玻片盖在中性树胶上（含有材料面向下），轻压。

（4）显微镜下检测装片质量。

8.5 思考和作业

（1）选取良好的果蝇图像唾腺染色体，拍照保存并打印。

（2）制作良好的果蝇唾腺染色体制片需要注意哪些问题？

参考文献

[1] 王金发，何炎明，戚康标．遗传学实验教程［M］．北京：高等教育出版社，2008.

[2] 刘祖洞，江绍慧．遗传学实验［M］．第2版．北京：高等教育出版社，1987.

[3] 傅焕延，王彦亭，王洪刚，等．遗传学实验［M］．北京：北京师范大学出版社，1987.

[4] 贺竹梅．现代遗传学教程［M］．北京：高等教育出版社，2011.

实验九　外周血淋巴细胞染色体标本制备

9.1　实验目的

（1）掌握外周血淋巴细胞培养的原理与方法。

（2）掌握外周血淋巴细胞染色体标本的制备方法。

9.2　实验原理

染色体是遗传物质的载体，每一种生物的染色体都具有特定的形态、数目及结构特征。研究染色体的结构和功能，对理解生物的遗传、变异和进化，以及人类染色体疾病的诊断等具有重要意义。

人外周血淋巴细胞培养和染色体制备的方法由 Moorhead 等人于 1960 年建立，该方法的建立有赖于以下四个发现：

（1）1952 年，美籍华人徐道觉发现用蒸馏水低渗处理分裂期的细胞可使染色体展开。

（2）1956 年，美籍华人蒋有兴发现秋水仙素可使分裂的细胞停止在中期。

（3）1958 年，Rothrels 等建立空气干燥制片技术，使细胞和染色体展平。

（4）1960 年，Nowell 发现 PHA（phytohemagglutinin，植物血球凝集素）能促使淋巴细胞分裂。

健康成年人每毫升外周血中的淋巴细胞数约 2.0×10^6，正常情况下，这些淋巴细胞不分裂，它们几乎都处于 G1 期或 G0 期（图 9－1）。向离体培养的外周血中加入 PHA，刺激淋巴细胞转化成淋巴母细胞进入分裂期。经过 66～72 h 体外培养后，在培养物中存在大量的活跃增殖的淋巴细胞，这时用秋水仙素处理，就可获得大量有丝分裂中期细胞。收集细胞，经过低渗、固定处理，用空气干燥法可获得良好的染色体标本。本方法也可用于其他脊椎动物如鱼类等的染色体制备。

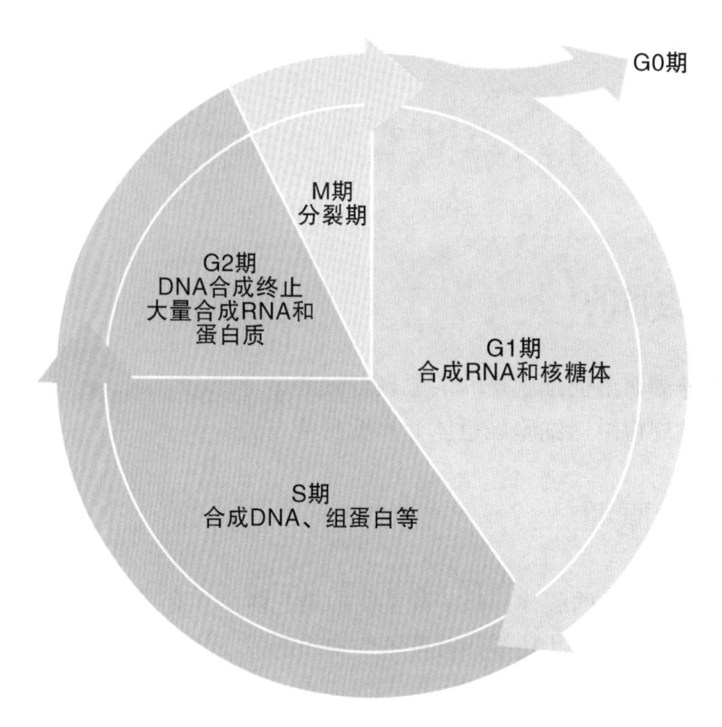

图9－1　细胞周期示意

9.3　实验材料、用具和试剂

9.3.1　实验材料

人外周血。

9.3.2　实验设备和用具

天平，电热干燥箱，高压灭菌锅，超净工作台，恒温培养箱，低速离心机，显微镜，培养瓶（10 mL），0.22 μm 针头过滤器，抗凝负压采血管，采血针，1 mL 注射器，15 mL 离心管，吸管，载玻片，移液器等。

9.3.3　实验试剂

RPMI1640 培养基，小牛血清，PHA，肝素纳，双抗（青霉素和链霉素），秋水仙素、0.075 mol/L KCl 溶液、卡诺氏固定液（甲醇∶冰醋酸＝3∶1），吉姆萨染液（附录一）等。

9.3.4　人外周血淋巴细胞培养基配制

取 RPMI1640 培养基 790 mL，分别加入小牛血清 200 mL、PHA 100 mg、12 500 U/mL 肝素钠溶液 0.3 mL 和 10 000 U/mL 双抗 10 mL。搅拌均匀，用 $NaHCO_3$ 溶液

（浓度3.5%～5.0%）调节pH至7.2～7.4。在无菌操作台中用0.22 μm过滤器过滤，分装至灭菌培养瓶中，每瓶5 mL，如短时间内使用，可于4 ℃条件下保存，否则应在－20 ℃条件下保存。

9.5　实验方法和步骤

9.5.1　采血

用抗凝负压采血管自肘静脉采血，采血完成后轻轻颠倒采血管几次，以免凝血，同时在采血管上贴上标签。

用于培养的血样贮存时间越短越好，采血后最好立即进行培养，如果不能立刻培养，血液应存放于4 ℃条件下，但最好不超过24 h，避免保存时间过久，影响细胞活力。

9.5.2　接种及培养

（1）培养前30 min左右将培养基从冰箱取出，于37 ℃水浴锅中平衡温度。

（2）在无菌操作台中用1 mL注射器抽取血液，注入培养瓶中，每瓶0.3～0.5 mL，摇匀。

将血液分装至培养瓶中的时候需注意，来自不同人的血液严禁用同一只注射器，更不能将不同的血液加入同一个培养瓶中，否则培养过程中会出现严重凝血。

（3）在37 ℃培养箱中培养68～70 h，每天轻摇2～3次。若发现凝血块，可轻轻将凝血块摇散，继续培养。培养过程中培养基逐渐由粉红色变成淡黄色（图9－2）。

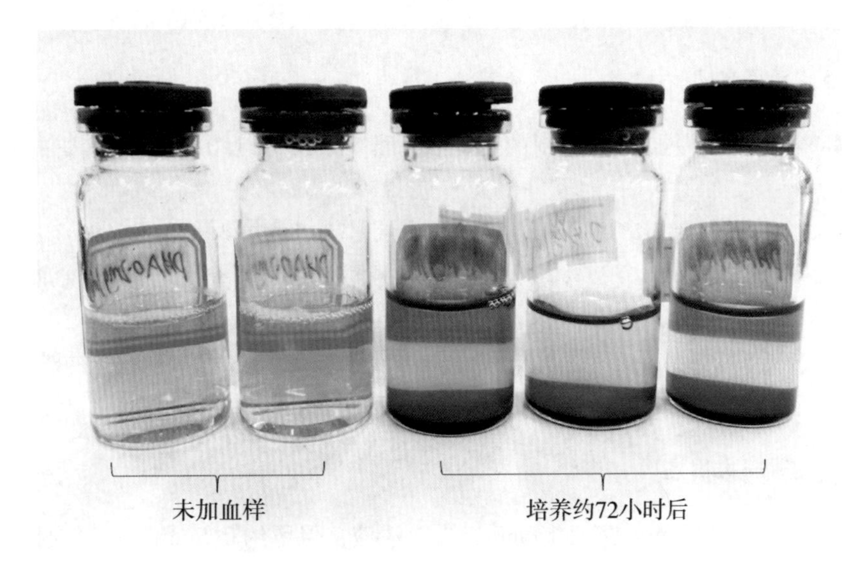

图9－2　培养72 h后培养基的颜色变化

9.5.3 秋水仙素处理

终止培养前 2 ～4 h 每瓶加 20 μg/mL 秋水仙素溶液，使瓶中秋水仙素溶液的最终浓度为 0.4 ～0.8 μg/mL，摇匀后置培养箱中继续培养至 72 h。

秋水仙素溶液的浓度和处理时间是影响实验结果的重要因素，在一定范围内，秋水仙素溶液的浓度越高，淋巴细胞的分裂指数越高。但是浓度过高会产生细胞毒性，分裂指数反而会下降。而处理时间过长，分裂细胞多，染色体短小；过短则分裂细胞少而染色体细长，通常处理时间为 2 ～3 h。

9.5.4 低渗

从培养箱中取出培养瓶，摇匀后将培养物转移至 15 mL 离心管中，1 000 ～2 000 r/min 离心 10 min，弃上清液，加入 8 mL 0.075 mol/L KCl 溶液，用滴管轻轻将沉淀吹起混匀，室温静置 30 min。

低渗的原理是利用细胞内外的渗透压差，使水分迅速进入细胞内，细胞吸水膨胀，破坏纺锤丝，促进染色体去螺旋化及染色单体的分离，从而提高染色体的分散程度；同时由于渗透脆性，在合适浓度的低渗溶液下，红细胞破裂，而淋巴细胞膨胀但不破裂，从而通过离心可以分离淋巴细胞。

膨胀的淋巴细胞膜容易破裂，因此，低渗处理后混匀细胞动作一定要轻。此外，低渗液的浓度及处理时间也要适当，低渗不够则染色体分散不佳；过度低渗，则造成细胞破裂。

低渗液有多种，除 0.075 mol/L 的 KCl 溶液外，0.65 mol/L 的甘油磷酸钾溶液、0.95% 的柠檬酸钠溶液、蒸馏水等，均可作为低渗液。本实验选用的是 KCl 溶液，其处理的染色体轮廓清楚、易染色，并且分带染色时能充分显示带型特点。

9.5.5 预固定

沿离心管内壁缓慢加入新配制的卡诺氏固定液 0.5 ～1.0 mL，用滴管轻轻吹打混匀。

预固定的目的是防止离心时细胞黏连，固定剂的用量对染色体分散程度有明显的影响。当终体积浓度小于 6.25% 时，染色体铺展较好；大于 6.25% 时细胞间相互黏连和染色体重叠倾向明显。

低渗处理后细胞膨胀，细胞膜容易破裂，切忌离心力过高，否则会导致细胞提前破裂；离心力过低，又往往会丢失较多细胞，因此，离心速度通常在 1 500 r/min。

9.5.6 第一次固定

以 1 000 ～2 000 r/min 离心 10 min，去上清液，保留约 0.5 mL，轻轻吹打成细胞悬液，加入新鲜配制的固定液 8 mL，轻轻混匀，室温静置 20 min。

固定可以使细胞脱水、蛋白质变性、染色体缩短变粗，同时可去除染色体外层的

物质，以免其妨碍染色体在玻片上平展散开和染色。增加固定次数和固定液中冰醋酸的含量有助于染色体的分散，但冰醋酸过量，会造成染色体形态变化和影响染色体分带。

9.5.7　第二次固定

以 1 000 ～2 000 r/min 离心 10 min，保留上清液约 0.5 mL，轻轻吹打成细胞悬液，加入新鲜配制的固定液 5 mL，轻打混匀，室温静置 20 min。

9.5.8　制备细胞悬液

以 1 000 ～2 000 r/min 离心 10 min，保留 0.3 ～0.5 mL 上清液（视细胞量多少而定），用吸管轻轻吹打均匀，制成细胞悬液。

9.5.9　滴片

将细胞悬液滴在倾斜的洁净湿冷载玻片上，轻轻吹散，空气干燥。

用于滴液的载玻片要干净，使用前须于 0 ℃水中预冷。不够清洁或冰冻不够会影响细胞贴附和染色体分散。

9.5.10　染色

将染色体玻片标本于新鲜配制的吉姆萨染液（pH 6.8）中染色 15 ～30 min，流水洗去多余染液，空气干燥后镜检。

9.5.11　观察

先在低倍镜下寻找良好的分裂相，然后用油镜观察。选择分散适宜、染色体不重叠、浓缩程度适中、形态清晰的分裂相在油镜下观察染色体的数目和形态（图 9 -3）。

分裂指数是指每 1 000 个细胞中处于分裂中期的细胞所占百分比，是评价染色体标本质量的关键指标之一。另外两个重要的评价指标是分散度和染色体形态。优良的染色体标本应分裂指数高，染色体分散良好、不重叠，染色体长短合适。

9.6　思考和作业

（1）试验中 PHA、低渗液和固定液的作用是什么？
（2）获得高质量的染色体标本需要注意哪些事项？

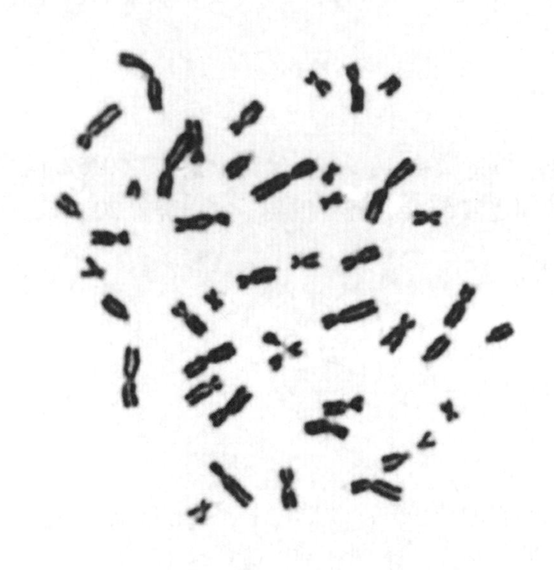

图 9-3　人外周血淋巴细胞染色体

参考文献

[1] 昌业伟，李凤，等. 人外周血染色体制备方法影响因素的分析 [J]. 中国优生与遗传杂志，2014，22（5）：148-149.

[2] 桂俊豪，黄国香，等. Carnoy's 预固定剂量对中期染色体分散度的影响 [J]，2006，12（15）：416-419.

[3] 王金发，何炎明，戚康标. 遗传学实验教程 [M]. 北京：高等教育出版社，2008.

实验十　染色体荧光原位杂交

10.1　实验目的

（1）了解荧光原位杂交技术的基本原理。

（2）掌握染色体荧光原位杂交技术的操作方法。

10.2　实验原理

荧光原位杂交（fluorescence *in situ* hybridization，FISH）技术出现于20世纪70年代末期，是核酸杂交技术的一种。它是在放射性原位杂交技术的基础上发展起来的一种非放射性原位杂交技术。其基本原理是利用核酸分子单链之间碱基互补配对原则，使非放射性物质标记的核酸（即探针）与组织、细胞中或染色体上同源DNA或RNA结合成可被检测的核酸杂交分子，从而对目标DNA或RNA进行定位分析（图10－1）。

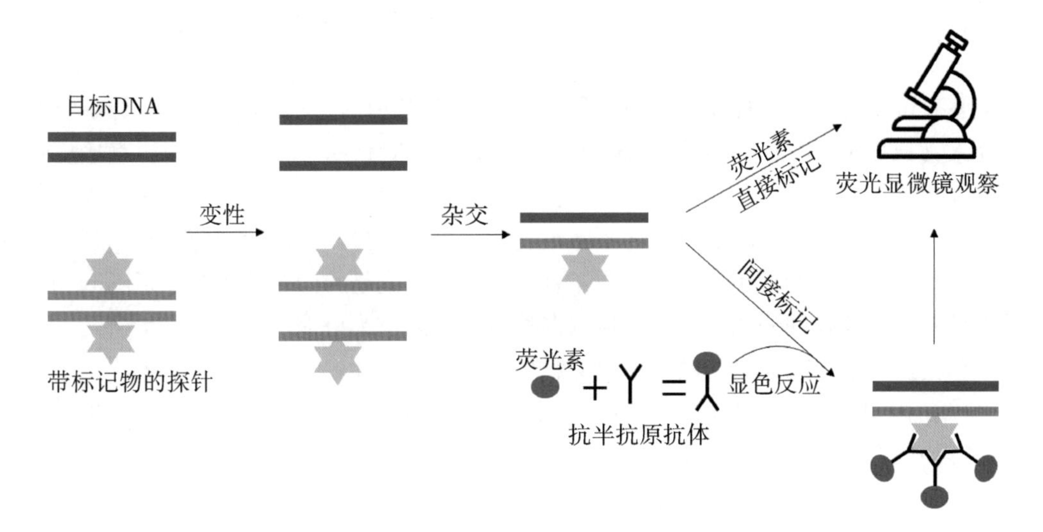

图10－1　荧光原位杂交原理

荧光原位杂交技术不需要使用放射性同位素，因此不存在放射性污染，具有安全、快速等优点，得到了广泛应用。20世纪90年代，随着人类基因组计划的进行，FISH技术得到了迅速的发展，在荧光原位杂交的基础上又发展出多色FISH、DNA纤维－FISH、原位PCR－FISH、组织微阵排列技术等。目前，该技术广泛应用于染色体识别、染色体精细结构分析、动植物基因组结构研究、基因表达、基因定位、病毒感染分析、人类产前诊断、肿瘤遗传学和基因组进化研究等领域。

根据目标核酸（DNA 或 RNA）的不同，常用的探针可以分为：①异染色质探针。多用于检测染色体的异染色区，如端粒重复序列、着丝粒重复序列等。②全染色体或染色体区域特异性探针。由一条染色体或其上某一区域的不同核酸片段组成，这类探针可用于染色体数目和结构异常分析、中期染色体重组和间期核结构分析等。③总基因组 DNA 探针。主要用于基因组间的同源性分析。④单拷贝序列探针。主要用于定位 DNA 单一片段、嵌合体验证、染色体微小变异等。⑤RNA 探针。包括 ssRNA 探针和寡核苷酸 RNA 探针，主要用于基因表达检测。

根据探针标记物的不同，可将探针的标记方式分为两种：间接标记法和直接标记法。

（1）间接标记法。标记探针的标记物是生物素（biotin）、地高辛（digoxygenin，来自毛地黄的一种类固醇）等非荧光物质，杂交后探针不能被直接检测到，需要通过免疫荧光抗体检测方能观察到荧光信号，即用荧光素偶联标记物抗体，利用抗体与探针标记物之间的特异反应，使荧光素专一地结合到探针上，从而使探针可以间接地被检测到。间接法的优点是可以通过酶联反应放大信号，提高灵敏度，缺点是步骤繁多。此外，标记物为生物素时干扰较多，一是在原核和真核生物中普遍存在着内源性生物素；二是抗生物素蛋白对非流动性基质存在非特异性结合，会提高标记本底，降低灵敏度。

（2）直接标记法。直接标记法是指直接用荧光素标记探针，杂交后可在荧光显微镜下直接观察结果，不需要使用荧光抗体，省去了烦琐的免疫荧光抗体检测步骤，使荧光原位杂交实验过程变得简便而易于操作。常用来标记探针的荧光素有异硫氰酸荧光素（FITC）、氨甲基香豆素醋酸酯（AMCA）和罗丹明（TRITC）等。直接标记法的优点是简洁快速、背景干扰少、颜色对比鲜明，缺点是信号不能进一步放大。但是，近年来荧光素亮度和抗淬灭性不断改进和提高，直接标记的荧光探针越来越成为首选。此外，直接标记法标记的探针还有一个优势，就是可同时使用标记了不同颜色的多种探针，使在同一标本上同时检测多种目的基因成为可能。

标记探针的常用方法有缺口平移法和随机引物法两种：

（1）缺口平移法。用 *-dUTP 取代原来 DNA 链中非标记的同种核苷酸，生成的两条链均被标记物标记（图 10-2）。

（2）随机引物法。人工合成的 6～8 个核苷酸长的各种不同排列顺序的混合物，它们可以随机地互补到 DNA 探针的某一处，作为引物，在 DNA 聚合酶片段作用下，合成与探针 DNA 互补的 DNA 链，当在反应液中加入 *-dUTP 时，即可标记的 DNA 探针，但探针 DNA 序列是长短不等的（图 10-3）。本实验随机引物法标记探针。

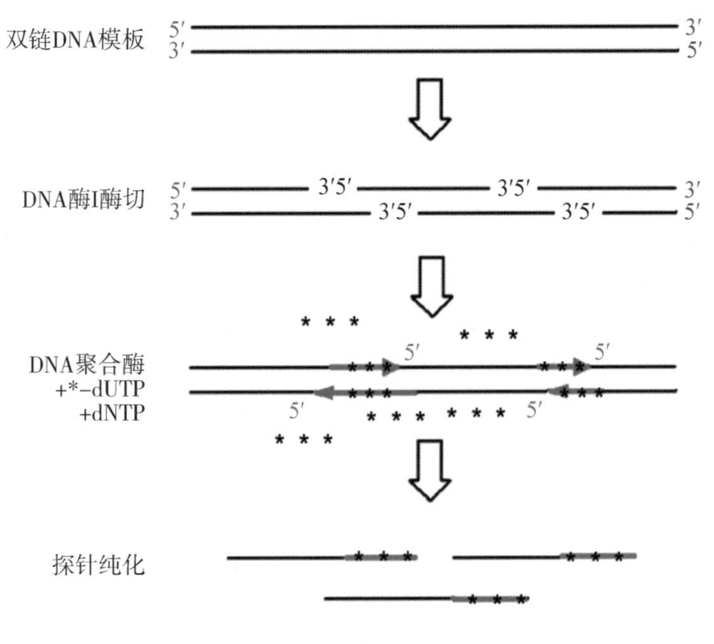

图 10－2　缺口平移法合成探针

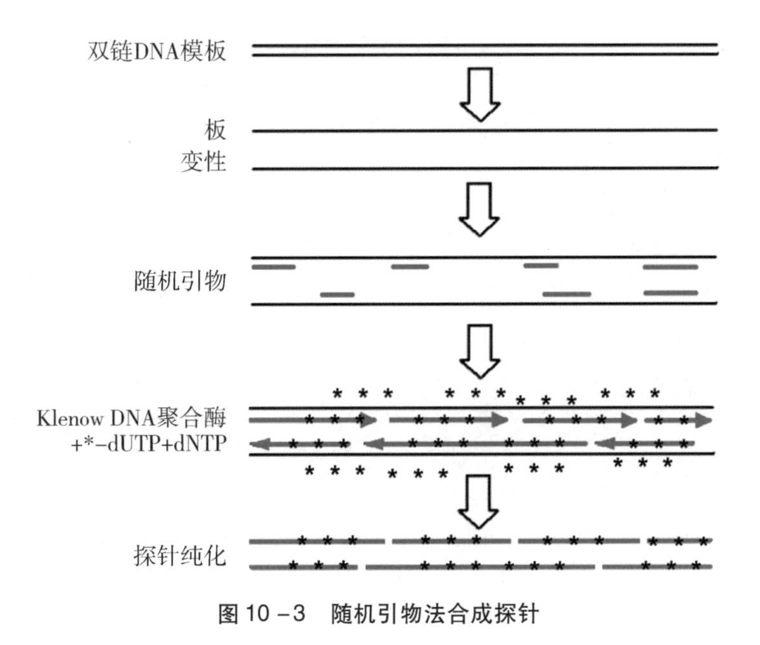

图 10－3　随机引物法合成探针

10.3　实验材料、用具和试剂

10.3.1　实验材料

人外周血淋巴细胞染色体标本。

10.3.2　实验用具

电热干燥箱，恒温水浴锅，制冰机，恒温培养箱，正置荧光显微镜，电热烤片机，湿盒，移液器，手术刀片，玻片架，载玻片，盖玻片等。

10.3.3　实验试剂

（1）人类 X 染色体 DNA，人 Cot-1 DNA。

（2）浓盐酸，柠檬酸钠，硫酸葡聚糖，NaOH，NaCl，1 mol/L $MgCl_2$ 溶液，4 mol/L LiCl 溶液，500 mmol/L EDTA（pH 8.0），三羟甲氨基甲烷（Tris），去离子甲酰胺，2-巯基乙醇，无水乙醇，4′,6-二脒基-2-苯基吲哚（DAPI），碘化丙啶（PI），FITC-12-dUTP，10×随机引物缓冲液，dNTPs，Klenow DNA 聚合酶，酵母 tRNA 水溶液（10 mg/mL），随机六核苷酸引物，TE 缓冲液，10% BSA，封片剂等。

10.3.4　试剂配制

（1）1 mol/L Tris-HCl 溶液。配制方法见附录二。

（2）10×随机引物缓冲液。见表 10－1。

表 10－1　10×随机引物缓冲液配制

试　　剂	体　　积
1mol/L Tris-HCL（pH6.6）	500 μL
1 mol/L $MgCl_2$	100 μL
β-巯基乙醇	10 μL
10% BSA	50 μL
随机引物（6mer，100 μmol/L）	10 μL
超纯水	330 μL

（3）500 mmol/L EDTA（pH 8.0）。取 186.1 g EDTA·2 Na 加入 800 mL 纯水中，加热至 60 ℃，再加 20 g NaOH。充分搅拌，待两者完全溶解，溶液冷却至室温后，用 10 mol/L NaOH 溶液将 pH 调至 8.0，加纯水至 1 000 mL。

（4）50%硫酸葡聚糖。取 10 g 硫酸葡聚糖于 10 mL 纯水中，搅拌至完全溶解。室温下放置 1 h 左右，使气泡完全上浮溢出，加纯水至 20 mL。若需高压灭菌，注意压力不能过高，以免碳化，一般 8 Ib/sq，30 min。

（5）TE 缓冲液。配制方法见附录二。

（6）20×SSC。配制方法见附录二。

（7）70%甲酰胺/2×SSC（V/V）。140 mL 甲酰胺＋20 mL 20×SSC＋40 mL 纯水。

（8）50%甲酰胺/2×SSC（V/V）。100 mL 甲酰胺＋20 mL 20×SSC＋80 mL 纯水。

（9）抗荧光淬灭剂（antifade）。称取没食子酸丙酯（propyl gallate）50 mg 溶解于50 mL PBS 中（常温不易溶，可稍加热），用0.5 mmol/L 的碳酸氢钠将 pH 调为8.0。取上述溶液1 mL，加9 mL 甘油，混匀即为原液。

（10）PI/antifade。用抗荧光淬灭剂将50 μg/mL PI 溶液稀释20倍。

（11）DAPI/antifade。用抗荧光淬灭剂将1 mg/mL DAPI 溶液稀释400倍。

10.4　实验方法和步骤

10.4.1　探针制备

（1）取人 X 染色体 DNA 1～2 μg 于0.5 mL 离心管中，加入超纯水，使总体积为20 μL，煮沸变性10 min 后，迅速在冰浴中冷却。

（2）在冰浴下向离心管中依次加入试剂，如表10－2所示。

表10－2

试　剂	体　积
10×随机引物缓冲液	4 μL
dNTP 混合物（dATP、dCTP、dGTP 各1mmol/L，dTTP 0.65mmol/L）	4 μL
FITC-12-dUTP（0.35 mmol/L）	2 μL
Klenow DNA 聚合酶	1 μL（2U）
超纯水	9 μL

（3）将以上试剂混匀后短暂离心，置32 ℃条件下温育2 h。

温育太长将导致模板非依赖物质的合成和杂交特异性的丧失。

（4）加2.5 μL 500 mmol/L EDTA（pH 8.0）、2 μL 10 mg/mL tRNA 和2 μL 1 mol/L Tris（pH 7.5），终止反应。

（5）加入20 μL LiCl 和500 μL、－20 ℃预冷的无水乙醇，充分混匀，于－20 ℃条件下放置过夜，沉淀探针。

dNTP 的锂盐相比钠盐，在含水乙醇中有较大的溶解度，因此，在乙醇沉淀过程中加入 LiCl 可以更好地沉淀 DNA 探针，从而除去游离的核苷酸。

（6）以12 000 r/min 速度离心10 min，去上清，用预冷至－20 ℃的70%乙醇溶液和无水乙醇各洗涤1次，倒置晾干或真空抽干后，将沉淀溶于20 μL TE 中，于－20 ℃条件下保存备用。

10.4.2　染色体标本和探针变性

（1）将人外周血淋巴细胞染色体玻片标本于65 ℃干燥箱中干燥3～5 h，然后将标本于70～75 ℃的70%甲酰胺/2×SSC 溶液中变性2～3 min，依次用－20 ℃的

70%、90%和100%预冷乙醇溶液脱水，每次5 min，空气干燥。

（2）杂交混合物制备和探针变性。将10 μL探针、50 μL去离子甲酰胺、10 μL 50%硫酸葡聚糖、1 μg人Cot-1 DNA、10 μL 20×SSC、20 μL水混合。离心，将杂交混合物收集到离心管底部，然后85 ℃水浴变性5 min。随后立即置于冰水中5～10 min，再次离心，将杂交混合物收集到离心管底部。

探针的浓度一般为0.5～1.0 μg/mL。通常浓度越高，杂交速度越快，杂交效率也越高，但是探针浓度过高会造成浪费。

人Cot-1 DNA：即人胎盘DNA，富含重复序列，长度多在50～300 bp，用于封闭探针中的重复序列，减少产生非特异性杂交信号。

甲酰胺：杂交温度是由探针的Tm值决定的，Tm值是指把DNA的双螺旋结构降解一半时的温度。DNA探针的长度为100～300 bp时，Tm值为80～90 ℃，而温度高于80 ℃就会对样本形态造成一定的破坏。杂交液中加入甲酰胺可以降低探针的Tm值，因为甲酰胺可以与碱基结合，破坏氢键，促进双螺旋解链。杂交液中每增加1%的甲酰胺，可以使杂交温度降低0.72 ℃，50%甲酰胺能将杂交温度降至30～45 ℃。

硫酸葡聚糖：硫酸葡聚糖能与水结合，减小杂交体系的有效容积，提高探针的有效浓度，可使杂交反应速度提高10倍以上，并且不影响探针的洗脱强度。杂交时常用的浓度为5%～10%，浓度过高时会使溶液的黏度增大，不利于杂交探针的渗透。

2×SSC：增加杂交体系的稳定性。

10.4.3　杂交

取10 μL变性杂交混合物加在预处理的玻片标本上，盖上盖玻片，用封片剂将盖玻片周围封住，置于80～85 ℃烤片机上烤片2 min，然后于潮湿暗盒中，在37 ℃条件下孵育12～24 h。

10.4.4　洗脱

（1）将标本从暗盒中取出，在2×SSC（pH 7.2～7.5）中浸泡片刻，小心用手术刀片将盖玻片撬开，去除粘附在载玻片上的封片剂。

（2）将标本于预热42～50 ℃的50%甲酰胺/2×SSC（V/V）中洗涤3次，每次5 min。

（3）在预热42～50 ℃的1×SSC中洗涤3次，每次5 min。

（4）在室温下，将玻片标本放置于2×SSC中清洗1次。

（5）取出玻片，纯水清洗1次，空气干燥（或用70%、90%和100%乙醇脱水后干燥）。

10.4.5　复染

在玻片标本杂交区加20～40 μL PI/antifade或DAPI/antifade，盖上盖玻片，用封片剂封片，置于暗处，10 min后即可观察。

10.4.6　荧光显微镜观察

将荧光转盘转至 DAPI 通道（DAPI 复染）或 TRITC 通道（PI 复染），先用低倍镜寻找细胞分裂相，再转换为高倍镜，在绿色 FITC 通道下观察染色体杂交信号，分别拍摄红色（或蓝色）和绿色通道下的图像，并合成最终图像（图 10－4）。

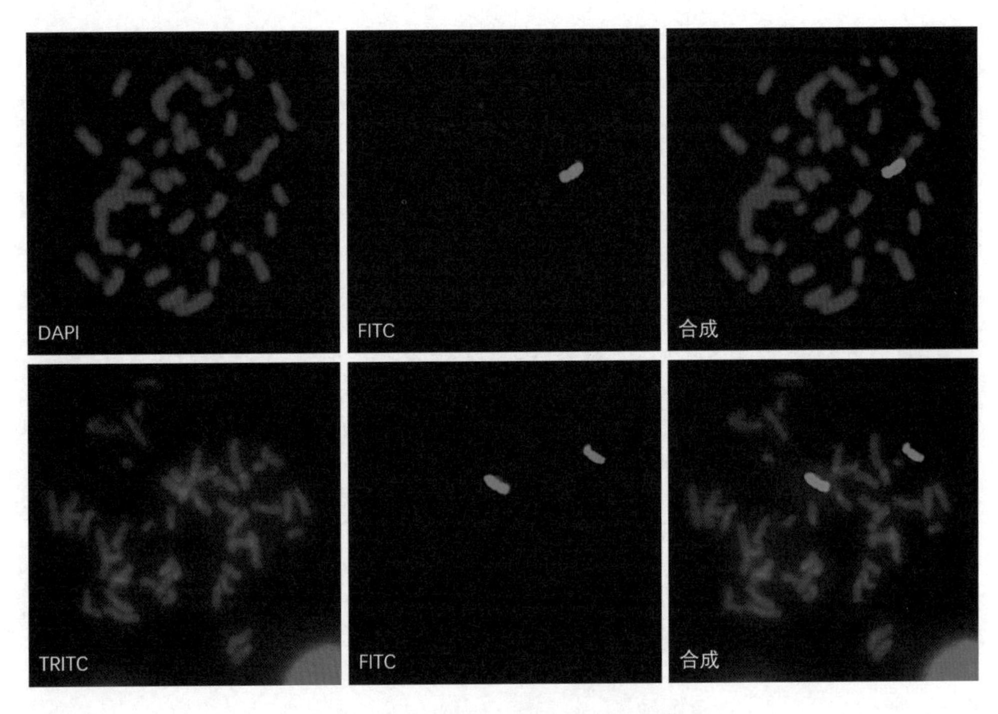

图 10－4　人类 X 染色体荧光原位杂交

上排：DAPI 复染，男性细胞染色体标本

下排：PI 复染，女性细胞染色体标本

10.5　思考和作业

（1）总结荧光原位杂交技术的关键因素，分析实验成功或失败的原因。

（2）合成杂交荧光原位杂交结果图像并打印。

参考文献

［1］范沛，陈丽颖，等．地高辛标记探针原位杂交组织化学技术及其应用［J］．科技创新导报，2007，(35)：25.

［2］王金发，何炎明，戚康标．遗传学实验教程［M］．北京：高等教育出版社，2008.

［3］吴嘉云，黄永吉，等．甘蔗与斑茅后代荧光原位杂交体系优化［J］．农业生

物技术学报，2013，21（11）：1279－1286.

［4］向正华，刘厚奇．核酸探针与原位杂交技术［M］．上海：第二军医大学出版社，2001.

［5］佘尚扬．荧光原位杂交技术的研究进展和应用［J］．中国现代药物应用，2011，5（14）：129－131.

实验十一　染色体显带技术

染色体经特殊的方法处理和染色后，在光镜下可呈现明暗相间的条带，每一条染色体条带的数目、部位、宽度和着色深浅均具有相对稳定性，染色体这种稳定的分带模式称为带型。染色体带型是鉴别染色体的重要依据，不仅有助于准确地识别染色体，而且在研究染色体结构、定位基因、分析染色体畸变等方面起着重要的作用。

染色体显带技术始于20世纪30年代，1968年瑞士科学家Caspersson最先取得突破，使用荧光染料使染色体呈现出清晰的荧光条带，此后各种分带技术相继出现，70年代末出现了高分辨显带技术。1977年，Yunis等采用高分辨显带技术，使G2期（或早前期）染色体上显出3 000～10 000条带纹，这个数字已接近一个细胞中所有结构基因的数目。随着染色体分带技术的发展，结合原位杂交技术及电子显微镜的应用等，细胞遗传学得到迅速发展。

关于染色体的显带机理仍未彻底阐明，但普遍认为染色体带型的形成是DNA、核酸结合蛋白和染料三者相互作用的结果，主要是DNA的碱基组成以及与结合蛋白形成的特定结构对染料分子的作用。Summer（1974）的实验表明，DNA螺旋及折叠非组蛋白的分布在染色体上呈区域性差异，这些差异导致二硫键与硫氢键分布不同。二硫键易与染料结合，而硫氢键则反之。因此，深染区往往富含二硫键交联，而浅染区则多含硫氢键。此外，由于染色体内DNA的碱基分布不同而造成DNA螺旋和折叠的程度也不同，继而影响到结合蛋白的分布与构型，因此与染料结合后呈现深浅不同的带型。

目前，常用的染色体显带技术有：G带、Q带、R带、C带、T带、N带、BrdU带、Cd带等。

G带：最常用的分带技术，中期染色体经胰蛋白酶处理和吉姆萨染液染色后所呈现的区带。

C带：着丝粒异染色质带，确定着丝点位置。

Q带：中期染色体经芥子喹吖因染色后在紫外线照射下所呈现的荧光带。

T带：端粒带。

R带：中期染色体经吉姆萨染液直接染色后所呈现的区带，呈现的是G带染色后的带间不着色区，故又称反带。

N带：又称Ag-As染色法。主要用于核仁组织区的酸性蛋白质染色。

根据带纹在染色体上的分布区域可将其分为两类，一类是分布在整条染色体上，比如G带、Q带、R带，另一类分布在染色体特定的区域，如C带、T带、N带等。

11.1　人类染色体 G 显带

11.1.1　实验目的

（1）了解 G 显带原理。
（2）掌握人类染色体 G 显带方法。

11.1.2　实验原理

染色体玻片标本经热碱、蛋白酶、尿素或去垢剂等处理后，用吉姆萨染料染色，可使整条染色体上呈现出带纹。由于这种带纹是经吉姆萨染液染色后而显现的，故称之为 G 带。G 带是应用最为广泛的一种染色体显带技术，通过 G 带，几乎可以识别人类的每一条染色体。

关于 G 显带的机理，一种观点认为与 DNA 的功能、染色体蛋白构象及吉姆萨染料的特性相关。吉姆萨染料是一种复合染料，由次甲基蓝（亚甲基蓝或美蓝）、天蓝（天青）和伊红（曙红）组成。次甲基蓝和天蓝均为噻嗪类染料。噻嗪类染料只能与 DNA 中的 PO_4^{3-} 结合而不与蛋白质结合。染色体着色首先是两个噻嗪分子与 DNA 的结合，然后再结合一个曙红分子，形成噻嗪－曙红沉淀物，这种染料沉淀物较易在疏水的环境下形成。DNA 上有些区域富含结构基因，有些区域富含重复序列。富含结构基因的区域转录活跃，包装这些基因的蛋白质也较疏松，构象上类似 β－折叠结构，经预处理后二硫键比较容易断裂还原为巯基，成为亲水性蛋白，不利于染料沉淀物的积累，因此，着色浅，显示明带；富含重复序列的区域转录活性低，包装它们的蛋白比较紧密，这些蛋白可通过较强的二硫键形成很稳定的疏水的 α－螺旋结构，预处理也很难破坏它们，成为有利于染料沉淀物积累的环境，从而显示暗带。

也有研究者认为，染色体带是染色体本身存在着的结构，用相差显微镜观察未染色的染色体也能观察到带的存在。用特殊的方法处理后再染色，则染色体带更加清晰，随显带方法的不同，显示的带纹特点也不一样，说明带的出现又与处理方法和染料有关。一般认为，着色深的带为含 AT 多的染色体区域，这部分区域基因较少，转录活性低；着色浅的带富含 GC，基因较少，转录活跃。

目前最常用的 G 显带技术是将染色体玻片标本进行胰蛋白酶消化，然后用吉姆萨染液染色，所以又叫 GTG 法（G－band by trysin using Giemsa）。

11.1.3　实验材料、用具和试剂

（1）实验材料。人外周血淋巴细胞染色体玻片标本。

（2）实验用具。显微镜，电热干燥箱，恒温培养箱，恒温水浴锅，冰箱，染色缸，玻片架，镊子，香柏油，擦镜纸，擦镜液等。

（3）实验试剂。PBS：将 0.2 mol/L 磷酸盐缓冲液（附录二）用水稀释 20 倍；

0.25%胰蛋白酶溶液：取2.5 g胰蛋白酶溶于1 000 mL PBS中，于4 ℃保存，或储存于－20 ℃；吉姆萨染液：配制方法见附录一。

11.1.4　实验方法和步骤

（1）常规方法制备人外周血染色体标本，空气干燥后备用。

（2）将标本于60～65 ℃烤片2～3 h。

（3）将标本浸入37 ℃的0.25%胰蛋白酶溶液中，轻轻摆动，处理30～75 s。

胰蛋白酶消化时间需要优化，不同批次的酶，以及处理标本数量，都会影响到酶的活性，导致酶的作用时间不同。

（4）立即取出，用PBS漂洗2次，每次15 s。

（5）用5%吉姆萨染液（pH 6.8～7.0）染色10～20 min。

（6）流水冲洗，空气干燥后镜检（图11－1）。

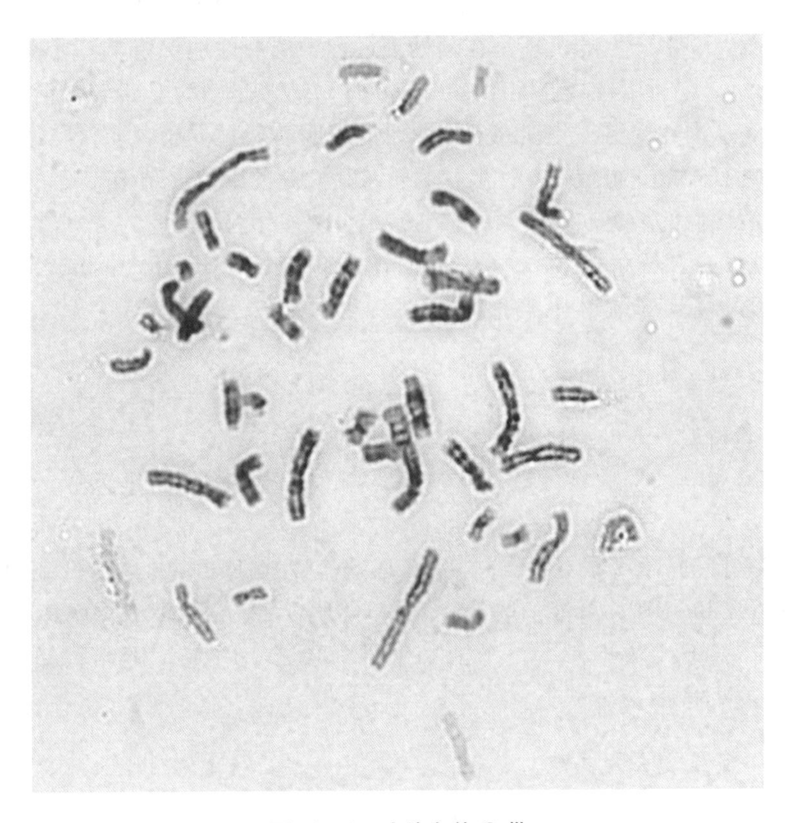

图11－1　人染色体G带

11.1.5　思考和作业

（1）选择带纹清晰的染色体分裂相，拍照并打印。

（2）分析实验结果，总结实验成功的关键因素。

11.2 染色体C显带

11.2.1 实验目的

（1）了解染色体C显带原理。
（2）掌握人类染色体C显带方法。

11.2.2 实验原理

染色体标本经热的强碱［NaOH或$Ba(OH)_2$］处理后，着丝粒周围区域和异染色体区可被吉姆萨染液染成深色，而常染色体部分仅有浅淡轮廓，不显示带纹，这种染色体显带方法被称为着丝粒区异染色体法，简称C带。C带是最简单的一种带型，由Arrighi和Hsu于1971年发现。这种带型非常有助于识别着丝粒及其他异染色体区。

目前认为，C带产生的机理是在预处理过程中选择性地保留了C带DNA而丢失了非C带DNA。之所以选择性地保留了C带的DNA，是因为C带转录活性低，染色体结构紧密，从而免受氢氧化钡的破坏。研究表明着丝粒异染色质仅与组蛋白结合，而常染色质含有大量非组蛋白。一般认为转录活性高的染色质结构疏松，富有非组蛋白，而转录活性低的染色质结构紧密，通常结合更多组蛋白。

C带常用的方法为CBG法（C - band by Barium hydroxide using Giemsa），即$Ba(OH)_2$处理后用吉姆萨染液染色。

11.2.3 实验材料、用具和试剂

（1）实验材料。人外周血淋巴细胞染色体玻片标本。

（2）实验用具。生物显微镜，电热干燥箱，恒温水浴锅，染色缸，玻片架，镊子，滴管等。

（3）实验试剂。0.2 mol/L HCl溶液：取浓盐酸16.8 mL，加入983.2 mL纯水中，混合均匀；5% $Ba(OH)_2$溶液：取$Ba(OH)_2 \cdot 8H_2O$ 92.1 g，溶于907.9 mL纯水中，混合均匀；2×SSC：取20×SSC（配制方法件附录二）用纯水10倍稀释；吉姆萨染液：配制方法见附录一。

11.2.4 实验方法和步骤

（1）常规方法制备人外周血染色体标本，空气干燥后备用。

用于C显带的玻片标本片龄不宜太长，否则会影响C带质量，制片后可立即进行C显带。

（2）将染色体标本浸入0.2 mol/L HCl溶液中，在室温下处理30～60 min，纯水冲洗3次。

（3）浸入预热50 ℃的5% $Ba(OH)_2$溶液中处理1～5 min，纯水冲洗3～5次。

处理时间随片龄增加而增加，一般1～5 min，可设置时间梯度优化处理时间。

(4) 浸入预热60 ℃的2×SSC中处理1 h，用纯水冲洗，在空气中干燥。

(5) 用5%吉姆萨染液（pH 6.8）染色3～5 min。

(6) 流水冲洗，空气干燥后镜检（图11－2）。

在人类染色体中可观察到的C带有：绝大多数染色体的着丝粒区，第1、9和16号染色体的次缢痕，以及Y染色体长臂的远端。

若染色体呈紫红色、无带，则变性处理不够，应增加$Ba(OH)_2$浓度或延长处理时间；若染色体不着色，或只着丝粒附近染成黑色，则变性过度，应降低$Ba(OH)_2$浓度，或缩短处理时间；若细胞核和染色体均不着色，说明变性极过度。

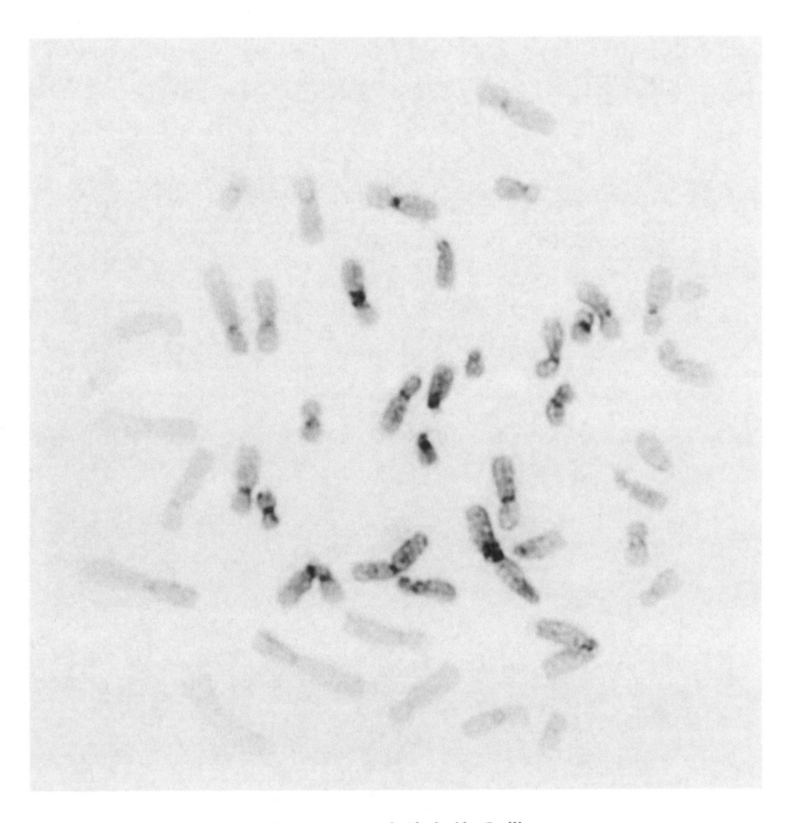

图11－2 人染色体C带

11.2.5 思考和作业

(1) 选择C带清晰的中期分裂相拍照。

(2) 分析实验结果，总结实验成功的关键因素。

参考文献

[1] 李凤霞. 遗传学实验指导及图谱［M］. 长春：吉林人民出版社，2006.

[2] 汤志宏，黄琳．遗传学实验 [M]．青岛：中国海洋大学出版社，2011.

[3] 王金发，何炎明，戚康标．遗传学实验教程 [M]．北京：高等教育出版社，2008.

[4] 赵小平，余红，黄燕，税青林．烤片对染色体 G 显带标本质量的影响分析 [J]．现代医药卫生，2009，25（3）：393.

实验十二　染色体组型分析

12.1　实验目的

（1）了解染色体组型分析的基本原理。

（2）掌握染色体各种数据指标的测量和计算方法，学习染色体组型分析的基本方法。

12.2　实验原理

染色体组型又称核型，是指动物、植物等的某一个体或某一分类群（亚种、种、属等）的体细胞内的整套染色体在光学显微镜下所有可观测的表型特征的总称，一般包括染色体数目、大小、形态及结构等。各种生物染色体的数目、形态和结构都是恒定的。通过对染色体的对比分析，进行染色体分组，并对组内各染色体的长度、着丝点位置、臂比和随体有无等形态特征进行观测和描述，从而阐明生物的染色体组成，确定其染色体组型，这种过程称为染色体组型分析。染色体组型分析在细胞遗传学、现代分类学、生物进化、遗传育种学等研究和医学诊断中，是重要的研究和分析手段。染色体组型分析的主要内容如下。

（1）染色体数目。染色体标本制备过程中，为增加有丝分裂中期相，通常会用秋水仙素进行预处理，秋水仙素的作用可能会导致染色体加倍现象。此外，由于染色体标本制备方法的原因，可能会出现染色体黏连、重叠、丢失等现象，从而导致染色体数目出现偏差。因此，在确定一个物种的染色体数目时，必须观察分析多个个体的多个细胞。对于未知染色体数目的物种，一般要统计 100 ～ 200 个染色体分散良好的、形态清晰的有丝分裂中期相细胞，计算染色体众数，才可确定该物种的染色体数目。

（2）染色体组数。一个物种的正常配子的染色体数称为染色体组。二倍体生物体细胞内含有两个染色体组，三倍体生物体细胞内含有三个染色体组。

（3）染色体长度。绝对长度：指在显微镜下直接测量的染色体一端到另一端的长度，通常以微米为单位。染色体的绝对长度会受到染色体标本的制作方法、细胞分裂状态等的影响而有所变化。相对长度：指染色体的绝对长度与正常细胞所有染色体绝对长度之和的比值，用百分比表示。相对长度不会因染色体标本的制作方法和细胞的分裂状态而发生改变，所以染色体的长度常以相对长度来表示。

（4）着丝粒的位置。有丝分裂中期，每条染色体含有两条染色单体，通过着丝粒彼此连接。自着丝粒向两端伸展的染色体结构称染色体臂，分为长臂和短臂。着丝粒在染色体上的位置是固定的，通常用长臂（q）和短臂（p）的比值来表示。根据着丝粒位置的不同，可把染色体分为四类（表12－1）：

中部着丝粒染色体——长臂与短臂几乎相等。

近中部着丝粒染色体——两臂不等长，能明显区分长臂与短臂。

近端部着丝粒染色体——短臂极短，着丝粒几乎在染色体的顶端。

端部着丝粒——染色体只有一条臂，着丝粒位于染色体末端，两条染色单体的端粒从末端延伸并结合。

表12－1　染色体着丝粒位置

臂比（长臂/短臂）	着丝粒类型	代表符号
1.0～1.7	中部着丝粒（metacentric）	m
1.7～3.0	近中部着丝粒（submetacentric）	sm
3.0～7.0	近端部着丝粒（subtelocentric）	st
7.0以上	端部着丝粒（telocentric）	t

（5）随体和次缢痕。随体的有无和大小等是某些染色体所特有的形态特征，次缢痕在染色体的位置也是相对稳定的，因此，这些形态特征可作为识别某些染色体的重要标记。

（6）染色体带型及命名规则。根据人类细胞遗传学命名的国际体制（ISCN）的规定，区和带的命名从着丝粒开始，向臂的远端依次编号。最靠近着丝粒的是“1”，其次是“2”“3”等。界标处的带应看作此界标以远区的“1”号带。在标示某一特定的带时需要包括4项内容：①染色体号；②臂的符号；③区号；④在该区内的带号。例如，1p22是指1号染色体短臂2区2带，在高分辨的染色体中，每个带又可能被细分为亚带和次亚带。例如，1p22.21是指1号染色体短臂2区2带2号亚区中的第1个亚带（图12－1）。

图12－1　染色体带命名

（7）人类染色体及其分组。人类体细胞有23对染色体，其中含有22对常染色体、1对性染色体。正常女性核型：46，XX；正常男性核型：46，XY。为了更准确地表达人类体细胞染色体的组成，1960年第一届国际细胞遗传学会议确立了世界通用的体细胞内染色体组成的描述体系-Denver体制。这个体制按照各对染色体的大小和着丝粒位置的不同将22对染色体由大到小依次编为1～22号，并分为A、B、C、D、E、F、G共7个组（表12－2）。

表12－2　人类染色体分组（刘庆昌，2007）

分组	染色体编号	染色体大小	着丝粒位置	有无随体	说　明
A	1 2 3	最大	中着丝粒 亚中着丝粒 中着丝粒	无	本组内3号染色体比1号染色略小
B	4～5	次大	亚中着丝粒	无	与C组染色体比较，B组的4号、5号染色体的短臂都较短
C	6～12	中等	亚中着丝粒	无	本组内6、7、8、11号染色体的短臂较长，9、10、12号染色体的短臂较短
D	13～15	中等	近端着丝粒	有	本组内各号染色体难以区分
E	16 17 18	较小	中着丝粒 亚中着丝粒 亚中着丝粒	无	本组内18号染色体较17号染色体短臂更短些
F	19～20	次小	中着丝粒	无	本组内各号染色体难以区分
G	21～22	最小	近端着丝粒	有	21号、22号染色体的长臂的两条染色单体常呈分叉状，它们之间难以区分
性染色体	X Y	中等	亚中着丝粒 近端着丝粒	无 无	X染色体属于C组染色体，大小介于6号和7号之间 Y染色体属于G组染色体，两条染色单体的长臂常并拢

12.3　实验材料、用具和试剂

12.3.1　实验材料

人类男性染色体G分带照片。

12.3.2 实验用具

剪刀，镊子，胶水，直尺等。

12.4 实验方法和步骤

（1）计数。确定照片中染色体数目。

（2）观察。观察染色体的形态结构，确认每条染色体的着丝粒位置、长臂和短臂、有无随体和次缢痕的位置等。

（3）测量。测量每条染色体的长度及长臂长度和短臂长度，将结果填入表12－3。对于有随体的染色体，随体的长度可以计入也可以不计入染色体长度之内，需要注明。每条染色体的着丝粒应平分为二，计入两条臂长度之内。

（4）计算。根据测量结果，计算染色体相对长度和臂比值，填入表12－3中。

表12－3　人染色体组型分析数据

分　组	染色体编号	长臂长度/mm	短臂长度/mm	相对长度	臂　比	随　体
A	1					
	2					
	3					
……	…					
	…					
性染色体	X					
	Y					

（5）配对和分组。根据测量、计算的数据并参考带型进行同源染色体的配对。

（6）排列和剪贴。沿边缘剪下染色体，将配对好的染色体排列并粘贴在纸上，着丝粒在同一直线上，每一组下面画一横线，在两端注明起止号，并在横线下的中部写明A－G组号，染色体从大到小编为1－22号，性染色体单独列为一组。

染色体分组排列原则：①着丝粒类型相同，相对长度相近的分一组；②同一组的按染色体长短顺序配对排列；③各指数相同的染色体配为一对；④可根据随体的有无进行配对；⑤将染色体按长短排队，短臂向上。

12.5 思考和作业

（1）完成人类男性染色体的组型分析。

（2）简述本实验的染色体核型结果及核型公式。

参考文献

[1] 郭善利，刘林德．遗传学实验教程［M］．北京：科学出版社，2010.

[2] 汤志宏，黄琳．遗传学实验［M］．青岛：中国海洋大学出版社，2011.

[3] 王金发，何炎明，戚康标．遗传学实验教程［M］．北京：高等教育出版社，2008.

[4] 刘庆昌．遗传学［M］．北京：科学出版社，2007.

实验十三　X 染色质小体观察

13.1　实验目的

（1）了解哺乳动物 X 染色质小体的形成及所在部位。
（2）掌握哺乳动物 X 染色质小体的检查方法。

13.2　实验原理

13.2.1　巴氏小体

哺乳动物雌性个体处于间期的体细胞经改良苯酚品红、硫堇染液等碱性染料染色后，在核膜内侧边缘常见一染色较深的浓缩小体，直径 1.0～1.5 μm，呈卵圆形、三角形、月牙形等，为 X 染色质小体或巴氏小体。由加拿大学者 Barr 等于 1949 年在研究雌性猫的舌下神经元细胞核时首次发现。此后，进一步的研究发现，这种结构由雌性体细胞内两条 X 染色体中的一条凝缩而成，普遍存在于雌性哺乳动物的体细胞中。

巴氏小体的数目为正常体细胞中 X 染色体数目减 1。在人类中，正常女性体细胞中通常有一个巴氏小体，但是并不是每一个体细胞均能检出，检出率通常在 30%～50%。性染色体异常的患者，如 XXY 有 1 个巴氏小体，XXXY 和 XXX 有 2 个巴氏小体，XXXX 甚至有 3 个巴氏小体。因此，在临床上，巴氏小体检查不仅可以用于性别鉴定，还可以用于 X 染色体异常的筛查。例如，通过胎儿羊水脱落细胞巴氏小体检查鉴定胎儿性别和性染色体异常。

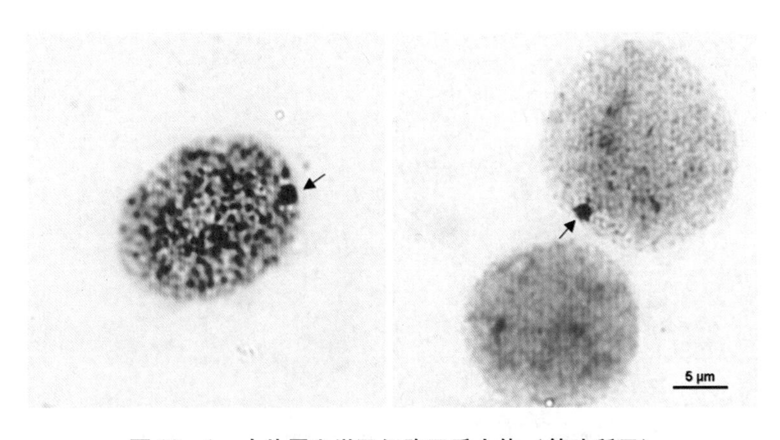

图 13－1　人外周血淋巴细胞巴氏小体（箭头所示）

巴氏小体存在于除生殖细胞以外的多种细胞中，常用于巴氏小体检查的人体细胞有口腔黏膜细胞、毛囊细胞、羊水脱落细胞、外周血淋巴细胞、以及宫颈细胞等。本实验以口腔黏膜细胞和毛囊细胞为实验材料检测巴氏小体。

13.3　实验材料、用具和试剂

13.3.1　实验材料

人口腔黏膜细胞、毛囊细胞。

13.3.2　实验用具

显微镜，吸水纸，载玻片，盖玻片，洁净牙签等。

13.3.3　实验试剂

45%醋酸溶液，0.2%甲苯胺蓝染液（附录一）。

13.4　实验方法和步骤

13.4.1　口腔黏膜细胞巴氏小体观察

（1）取材。清水漱口后，用洁净牙签的钝头在口腔两颊处刮取口腔黏膜，涂在干净载玻片上，涂抹均匀，自然晾干或在酒精灯火焰上稍加热干燥。

口腔细胞个体较大，容易观察，但容易受细菌、杂质等干扰，取材前一定要彻底清洁口腔。

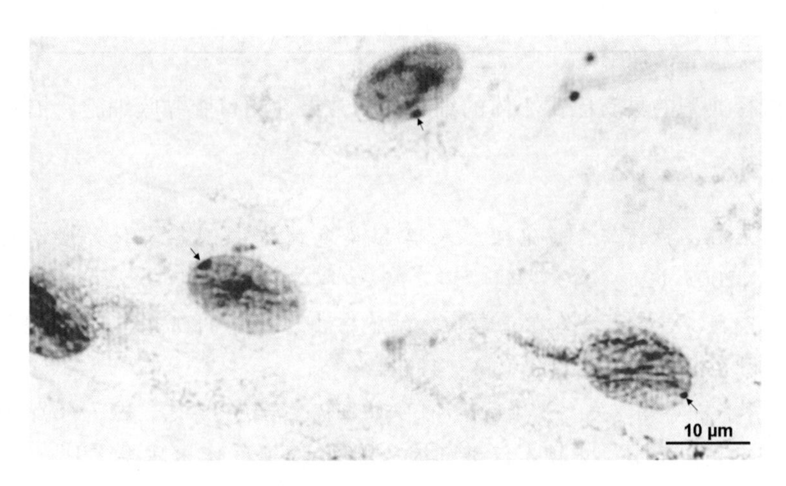

图13-2　口腔上皮细胞巴氏小体（箭头所示）

（2）染色。待固定液干燥后滴加1～2滴0.5%甲苯胺蓝染液，染色3～5 s，流水冲去多余染液，干燥后镜检。

染色不宜过久，如染色过深无法观察到巴氏小体，可尝试缩短染色时间。

（3）观察。在显微镜下选择细胞核较大，核轮廓完整，染色适度，核质均匀的细胞进行观察（图13－2）。

13.4.2 毛囊细胞巴氏小体观察

（1）取材。拔取带毛囊头发1根，自基部截取2 cm左右置载玻片上。

毛囊细胞体积小，观察稍困难，优点是不易受到污染。

（2）解离。在毛囊上滴1～2滴45%醋酸解离5 min，待毛囊软化后用镊子将其剥下，弃掉毛干。

（3）染色。用吸水纸将45%的醋酸吸去，用解剖针将毛囊捣碎，滴加0.2%甲苯胺蓝染液1～2滴染色10～30 s。

（4）压片。染色后加盖玻片，覆以吸水纸，用手指压后镜检。

（5）观察。

13.5 思考和作业

（1）分别观察男性和女性细胞各50～100个，记录观察到的巴氏小体数，计算出巴氏小体细胞所占的百分比，完成表13－1。

表13－1 巴氏小体观察结果统计

性　别	具有巴氏小体的细胞数	全部细胞数	百　分　比
男性			
女性			

（2）选择典型的具有巴氏小体的细胞和正常男性的口腔黏膜细胞，拍照并打印。

参考文献

［1］李石旺，卢新华，许名宗．人类X染色体标本制备实验方法的改进［J］．解剖学杂志，2005（2）：240－241.

［2］钱晓薇．X染色体体在正常人体细胞中出现概率的研究［J］．温州师范学院学报（哲学社会科学版），2000（6）：47－49.

［3］单长民，李娟．关于X染色体［J］．中国优生与遗传杂志，1997（6）：119－120.

［4］孙中芙，王彤．中国人汉族正常女性的X染色体出现率［J］．中国优生与遗传杂志，1999（1）：38－39.

［5］王雄国．X染色体［J］．生物学通报，1991（11）：16－18.

实验十四　植物多倍体诱导

14.1　实验目的

（1）掌握多倍体产生的原理、人工诱导多倍体的方法及其在遗传育种中的意义。

（2）观察诱导后细胞染色体数目的变化。

14.2　实验原理

一个物种细胞中染色体形态、结构和数目的恒定性是这个物种的基本特征之一。细胞中的一组完整的非同源染色体，它们在形态和功能上各不相同，但又互相协助，携带着控制一种生物生长、发育、遗传和变异的全部信息，这样的一组染色体，称为一个染色体组。染色体组表示物种演化过程中的染色体倍性关系。多倍体是指体细胞中含有三个或三个以上的染色体组的个体。

多倍体可以分为同源多倍体和异源多倍体。同源多倍体是生物体自身由于某种原因导致染色体复制而细胞不随之分裂，结果细胞中染色体成倍增加而形成的多倍体，这种情况比较少见。同源多倍体中大多为同源四倍体和同源三倍体。同源四倍体是正常二倍体通过染色体加倍形成的；自然条件下，同源三倍体多是因减数分裂不正常，由未经减数分裂的配子与正常的配子结合而形成。异源多倍体是由种间杂交产生的，常见的多倍体植物大多数属于此类，例如，小麦、燕麦、棉花、烟草、苹果、梨、樱桃、菊花、水仙、郁金香等。

自然状态下多倍体发生率较低，由于育种需要，往往需要通过人工诱导产生多倍体。常用人工诱导多倍体的方法有以下几种：

（1）物理诱导。用于诱导的方法有温度、电离辐射、机械创伤和离心力等。如用骤变低温处理咖啡花粉母细胞获得二倍性花粉，利用反复摘心获得多倍体茄科植物等。物理方法通常效率比较低，而且不稳定，因此运用得比较少。

（2）有性杂交。即利用减数分裂异常而产生的 $2n$ 配子（染色体未减半）进行杂交获得多倍体。

（3）体细胞融合获得多倍体。利用物理、化学或生物方法诱导同种或异种原生质体融合，培养后产生愈伤组织，再诱导分化为杂种植株而获得多倍体的方法。该方法的优势是可以克服远缘杂交的生殖障碍。

（4）化学诱导。即利用各种植物碱、麻醉剂和植物生长激素等获得多倍体，是人工诱导多倍体最常用的一种方法。常用的有秋水仙素、萘骈乙烷、异生长素等，其中，秋水仙素最为有效。秋水仙素是从百合科植物秋水仙的根、种子等器官中提炼出的一种植物碱，分子式为 $C_{22}H_{25}O_6N$。其主要作用是抑制细胞分裂时纺锤体的形成，阻止染色体向两极移动，产生染色体数目加倍的细胞。利用秋水仙素培育多倍体植株的方式有两种，一种是染色体数目加倍的细胞继续进行有丝分裂，形成多倍性的组织，进而发育成多倍体植株。另一种是将种子用秋水仙素浸渍，诱导多倍体植株产生。

大蒜和洋葱是二倍体植物（$2n=16$）。其根尖细胞分裂旺盛，经秋水仙素处理可形成四倍体的根尖细胞，也可能出现八倍体。

14.3 实验材料、用具和试剂

14.3.1 实验材料

大蒜或洋葱鳞茎。

14.3.2 实验用具

显微镜，恒温水浴锅，载玻片，盖玻片，培养皿，镊子，刀片，滴管，吸水纸等。

14.3.3 实验试剂

0.05%秋水仙素溶液，90%乙醇溶液，80%乙醇溶液，70%乙醇溶液，卡诺氏固定液（无水乙醇：冰醋酸 =3：1），1 mol/L HCl，改良苯酚品红染液（附录一）。

14.4 实验方法和步骤

（1）根尖培养和多倍体诱导。将大蒜鳞茎去皮或将洋葱鳞茎去老根置于盛有清水的瓷盘中，在 20～25 ℃光照条件下培养 2～3 d。待根长 2 cm 左右时，将盘中的清水换成 0.05%秋水仙素，移至阴暗处培养 1～2 d，直到根尖膨大为止（图 14－1）。

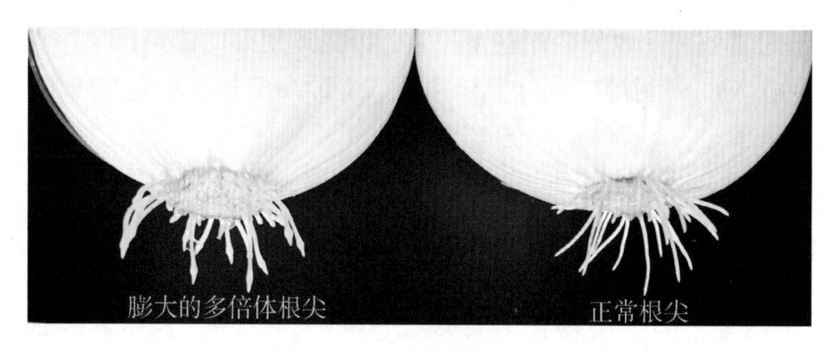

图 14－1　多倍体洋葱根尖

（2）固定。剪下已膨大的根尖1～2 cm，水洗后移至卡诺氏固定液中，室温下固定3～8 h。材料若暂时不用，可经过90%、80%、70%的乙醇各浸洗1次，再换入新的70%乙醇溶液中，于0～4 ℃条件下可长期保存。再使用时，重新固定0.5～3 h，效果会更好。

（3）解离。将固定后的根尖用清水洗几次，放入预热60 ℃的1 mol/L HCl中处理5～10 min。

（4）染色。用水冲洗2～3次，然后将其置于干净玻片上，用刀片切取1～2mm左右的生长区，其余部分弃掉，加1滴改良酚红染液，染色10～20 min。

（5）压片。染色完毕后加上盖玻片，用拇指用力摁压盖玻片或用铅笔垂直敲击盖玻片，使材料尽量分散。

（6）观察。将制好的玻片标本置于显微镜下先用低倍镜观察，选取处于分裂期的多倍体细胞，换高倍镜观察，注意染色体的数目。

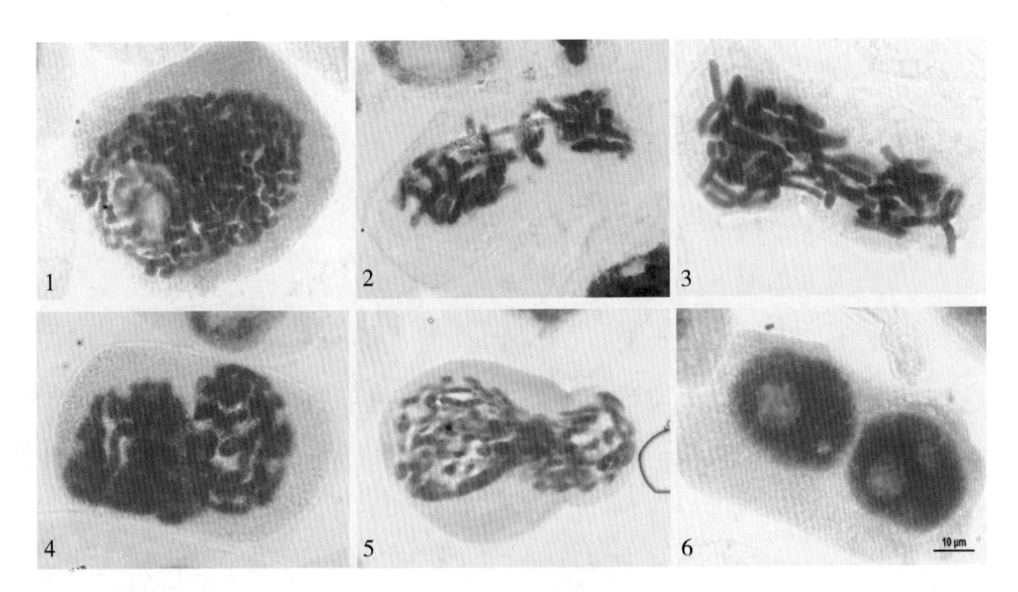

图14－2　四倍体大蒜根尖细胞

1—前期；2，3—中期；4，5—后期，6—末期

14.5　思考和作业

（1）说明秋水仙素诱发多倍体的原理。

（2）选择在显微镜下看到的多倍体细胞和正常二倍体细胞有丝分裂中期的图像，拍照并打印。

参考文献

［1］汤志宏，黄琳．遗传学实验［M］．青岛：中国海洋大学出版社，2011．

［2］陶抵辉，刘明月，等．生物多倍体诱导方法研究进展［J］．生命科学研究，2007（S1）：6－13．

实验十五　环境因素诱导染色体畸变

随着科学技术的进步和工业的发展，新的化学物质和“三废”不断地进入我们的生活环境，其中，很多化学物质被证明具有遗传毒性，能诱发染色体异常。染色体是遗传物质的载体并含有生物体全部的遗传信息，染色体的异常往往导致严重的遗传疾病。自20世纪60年代，国内外便开始了辐射和环境化学物质诱导染色体变异的研究。目前，对于如何评价一种化学物质或者环境因素的遗传毒性，世界各国和国际组织都有规范的、统一的评价程序规定。常用的评价方法有细菌DNA修复试验、Ames试验、彗星试验、SCE试验、染色体畸变分析及微核实验等。其中最常用的是染色体畸变分析和微核试验，前者主要观察细胞分裂中期染色体异常，后者主要观察分裂间期细胞核的异常，两者均能检测国际环境致突变物致癌物防护委员会（ICPEMC）划分的5种遗传学终点中的2种：染色体完整性改变和染色体分离改变（表15－1）。

表15－1　致突变试验及其检测的遗传终点

遗传学终点	现　　象	致突变试验
DNA完整性的改变	形成加合物/断裂/交联	细菌DNA修复试验 彗星试验
DNA重排或交换	DNA修复合成，重组	SCE试验
DNA碱基序列改变	基因突变	Ames试验
染色体完整性改变	染色体受损断裂等	微核试验 染色体畸变分析
染色体分离改变	整倍性或非整倍性	微核试验 染色体畸变分析

与染色体畸变分析相比，微核试验不要求中期分裂相细胞，几乎所有的细胞都能观察到微核，更简单快捷，并且具备很好的灵敏性。自20世纪70年代初由Heddle和Schmid利用啮齿类骨髓细胞建立微核试验以来，许多国家和国际组织已将其规定为新药、食品添加剂、农药、化妆品、环境化学物质等毒理安全性评价的必须实验。随着分子生物学技术的发展和FISH技术、图像分析技术的运用，微核试验的检测应用范围不断扩大，现已用于检测染色体丢失、染色体断裂、分裂延迟、不分离、分裂不平衡、基因扩增、Hprt基因突变等多个遗传学终点。

微核（micronucleus，MN）指真核细胞中游离于主核之外的圆形或椭圆形的小核，一个或多个，直径小于主核的1/3，折光率、染色性及细胞化学反应性质和主核一致，出现在细胞间期，是染色体畸变在间期细胞中的一种表现形式。

一般认为微核是由染色体断片或整条染色体形成。一种情况是染色体受损后发生断裂形成无着丝粒的断片，在细胞分裂时这些断片不能向两极移动而残留在赤道面附近，当子细胞形成时则游离于细胞质中形成不含着丝粒的微核。另一种情况是细胞纺锤体功能受损或染色体和纺锤体联结发生障碍，导致一条或多条染色体不能向两极移动而残留在赤道板上，在子细胞形成时不能被包在子核中，而形成含着丝粒的微核。

微核率（micronucleus frequency，MNF）是指 1 000 个细胞当中微核细胞所占的比率，也可以通过每个细胞当中含微核数的平均值来计算。微核率的大小和污染程度、用药剂量或辐射累积效应呈正相关。

微核试验通常选择分裂旺盛，对环境刺激敏感的细胞作为试验材料，如紫露草、鸭跖草、水葱花、韭菜花、蚕豆根尖、大蒜根尖等植物性材料，及小白鼠骨髓细胞、人外周血淋巴细胞、上皮组织脱落细胞、肝细胞、鱼类血细胞等动物性实验材料。根据取材和培养方法的不同，现已发展出多种微核检测方法，如小鼠骨髓嗜多染红细胞微核试验、人外周血淋巴细胞培养法微核试验、人外周血淋巴细胞微核试验直接测试法、人外周血淋巴细胞胞质分裂阻滞微核试验、人上皮脱落细胞微核试验、紫露草微核试验、蚕豆根尖微核试验、韭菜花微核试验等。

15.1　辐射诱导花粉母细胞染色体畸变观察

15.1.1　实验目的

（1）了解染色体畸变的各种类型及原因，熟悉微核的观察方法。

（2）掌握利用微核检测技术监测辐射污染的一般方法。

15.1.2　实验原理

动植物细胞的染色体对电离辐射非常敏感。1938 年，K. 萨克斯等就开始以紫鸭跖草为实验材料进行电离辐射诱发染色体畸变的研究。20 世纪 60 年代，国际上开始进行辐射诱发人类染色体畸变的研究。大量研究证明，电离辐射可以导致动植物细胞发生多种染色体畸变，并且在一定的条件下辐射剂量与染色体畸变率之间存在明显的正相关性，1962 年，M. 本德等人提出可以根据白细胞染色体畸变指标估算人体接受的辐射剂量，被称为辐射生物剂量测定。

处于减数分裂时期的花粉母细胞对各种诱变剂反应灵敏，本实验选择韭菜花作为试验材料观察间期细胞中的微核和分裂期染色体的畸变现象。

15.1.3　实验材料、用具和试剂

（1）实验材料。韭菜花。

（2）实验用具。显微镜，恒温培养箱，γ 射线仪，计数器，镊子，载玻片，盖玻片，吸水纸，解剖针等。

（3）实验试剂。90%乙醇溶液，80%乙醇溶液，70%乙醇溶液，卡诺氏固定液（无水乙醇：冰醋酸=3：1），改良苯酚品红染液（附录一）。

15.1.4　实验方法和步骤

（1）取材和材料处理。取未开放的韭菜花穗，用γ射线照射（剂量0.258 c/kg）后在清水中恢复培养24 h。将颖花剥下，用卡诺氏液固定12 h，经90%、80%乙醇溶液各处理30 min，置于70%乙醇溶液中于4 ℃条件下保存。

也可将花穗插在0.8～1.5 mmol/L的叠氮钠中或150～200 mmol/L的二甲亚砜水溶液中培养24～30 h，之后于清水中恢复培养24 h。

（2）制片。选取饱满的花蕾，剥出花药，用镊子轻轻将花药捣碎，用改良苯酚品红染色5～10 min，去掉残渣，盖上盖玻片，附上吸水纸，用拇指轻压使细胞分散。

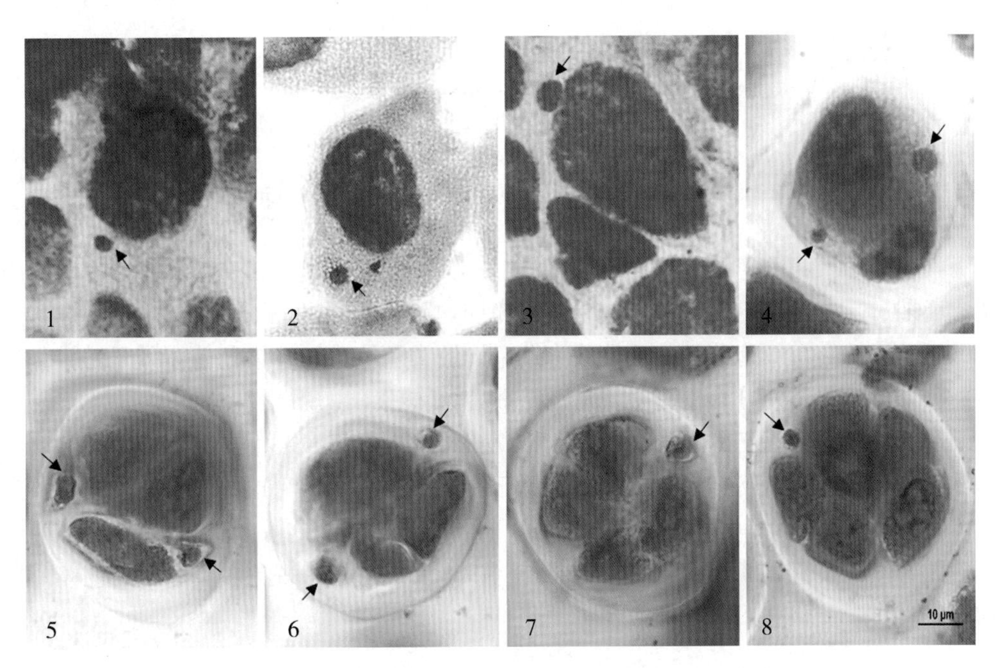

图15－1　韭菜花粉细胞微核（箭头所示）

1～3—花粉母细胞；4—二分体细胞；5～8—四分体细胞

（3）镜检。在显微镜下观察微核和染色体畸变。

微核：①存在于细胞完整的间期细胞中，形态为圆形或椭圆形；②直径小于主核1/3；③完全独立于主核；④折光性和染色性与主核一致（图15－1）。

不均等分裂：正常细胞分裂结束时，产生四个大小均等子细胞即四分体，细胞受到损伤后，产生不均等的四分体，也可能产生三分体、五分体，或者是六分体、八分体等（图15－2）。

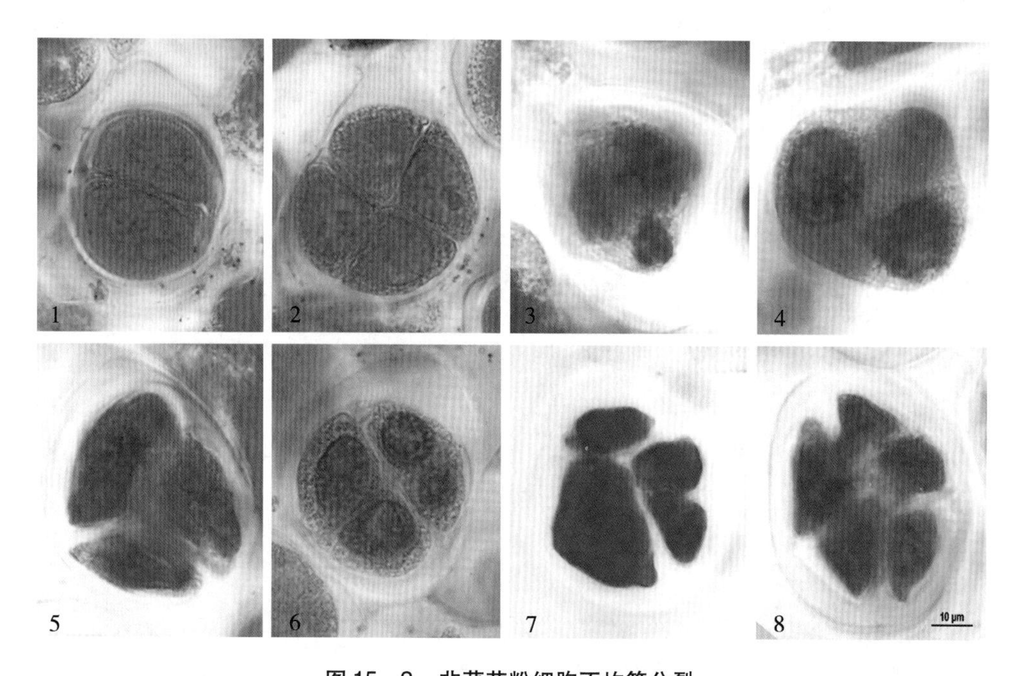

图 15－2　韭菜花粉细胞不均等分裂

1—正常二分体；2—正常四分体；3～5—三分体；6，7—不均等四分体；8—五分体

染色体团聚：染色体胶连成团块，失去染色体的形态。在细胞分裂的前期、中期、后期、二分子期、四分子期及单核花粉期均可观察到（图 15－3）。

染色体桥：在细胞分裂的后期或末期，同源染色体或姊妹染色单体分开时，部分有染色体丝粘连，使分开不完全，从而造成染色体桥的出现。

落后染色体：由于分裂的细胞受到损伤（多半是由于纺锤体被破坏），而引起染色体不同步移动或者不移动造成的。多见于分裂中期和后期。这种现象有可能导致染色体丢失。

无着丝粒染色体断片：常见于分裂前、中、后期。这种现象多会造成染色体片段的丢失。

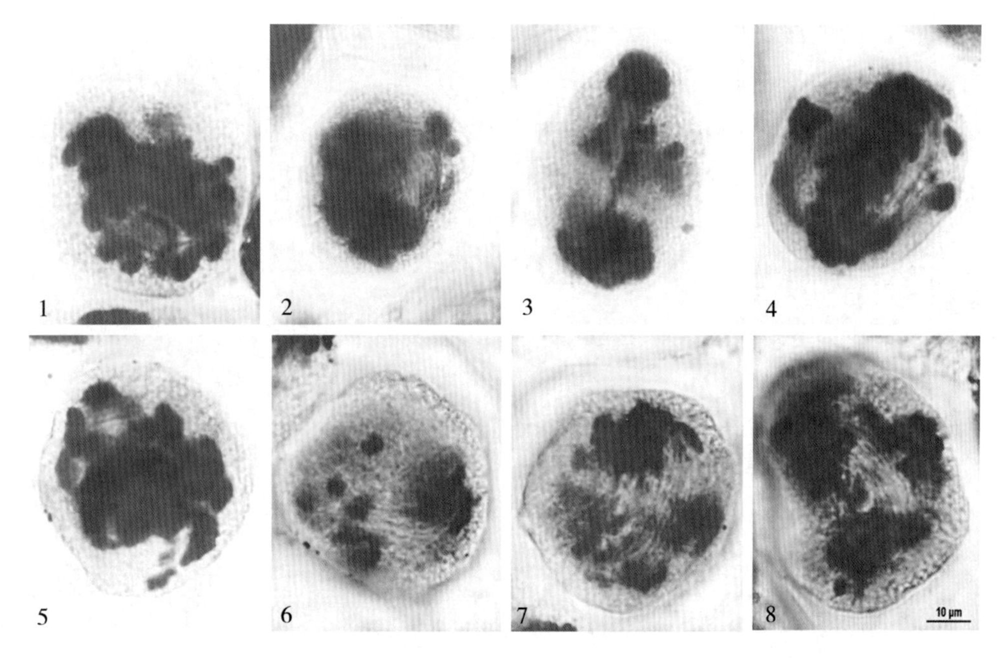

图 15－3　韭菜花粉母细胞第一次减数分裂时期染色体畸变

1，2—染色体团聚；3，4—染色体桥；5，6—落后染色体；7，8—不均等分裂

微型小孢子：是多分体细胞的胼胝质壁破裂后产生的体积比正常小孢子要小的一些孢子（图 15－4）。

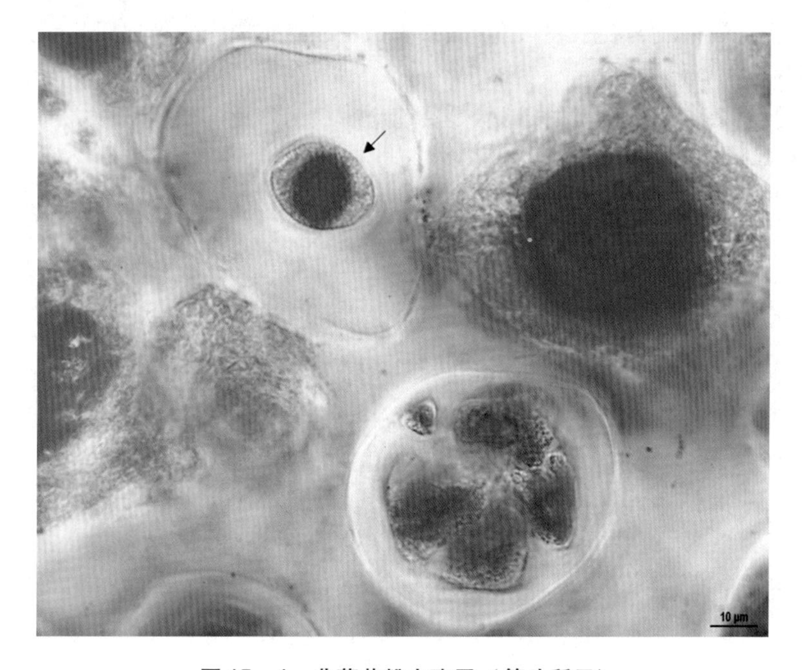

图 15－4　韭菜花粉小孢子（箭头所示）

15.1.5 思考和作业

（1）简述微核形成的原理及微核试验的意义。
（2）选取你所观察到的染色体畸变图像，拍照并打印，说明染色体畸变的类型。
（3）统计微核细胞数，计算微核率。

15.2 诱变剂对小鼠骨髓嗜多染红细胞微核的影响

15.2.1 实验目的

（1）掌握小鼠骨髓多染红细胞微核试验的原理和方法。
（2）观察小鼠骨髓嗜多染红细胞微核。

15.2.2 实验原理

骨髓是主要的造血器官，是红细胞、血小板、粒细胞、单核细胞和淋巴细胞等血细胞发育的场所，是微核试验最为常用的实验材料之一。

嗜多染红细胞（PCE）是红细胞发育的一个阶段。骨髓中的幼年红细胞经过数次分裂，最后脱核发育成为成熟红细胞。脱核后早期，红细胞内血红蛋白的主要成分球蛋白的合成旺盛，因此胞质中存在大量的核糖体，吉姆萨染液染色呈灰蓝色，被称为嗜多染红细胞。随着球蛋白合成完毕，核糖体消失，嗜多染红细胞逐渐形成成熟的正染红细胞。正染红细胞吉姆萨染液染色呈淡橘红色。

红细胞在脱核时会将主核排出，微核仍保留在细胞浆中，形成极易判别的仅含有微核的嗜多染红细胞。

小鼠骨髓嗜多染红细胞微核试验是目前应用最为广泛的微核试验之一。许多国家（地区）和国际组织都将其规定为评价农药、新药、食品添加剂等化合物安全性毒理学评价的必须试验。我国食品、化妆品、消杀品、新药、农药、工业化学品等安全性毒理学评价程序均采用该方法。

15.2.3 实验材料、用具和试剂

（1）实验材料。成年小鼠。

（2）实验用具。显微镜，低速离心机（15 mL，速度2 000 r/min 以上），手术剪，无齿镊，小型弯止血钳，干净纱布，胶头滴管，刻度离心管，晾片架，电吹风机，玻璃蜡笔，玻璃染色缸，2 mL 注射器及针头，载玻片，细胞计数板等。

（3）实验试剂。卡诺氏固定液（甲醇：冰醋酸 =3：1），甘油，小牛血清，生理盐水，吉姆萨染液（附录一），环磷酰胺或丝裂霉素 C，待测物，戊巴比妥钠。

15.2.4 实验方法和步骤

1）试验动物分组及选择。设置阳性对照组、阴性对照组和试验组。阳性对照组

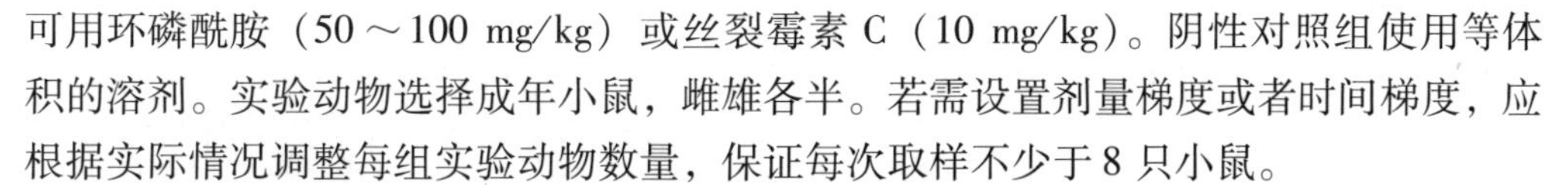

可用环磷酰胺（50～100 mg/kg）或丝裂霉素 C（10 mg/kg）。阴性对照组使用等体积的溶剂。实验动物选择成年小鼠，雌雄各半。若需设置剂量梯度或者时间梯度，应根据实际情况调整每组实验动物数量，保证每次取样不少于 8 只小鼠。

2）试验动物染毒。

（1）染毒途径。常用的染毒途径有腹腔注射、皮下注射、肌肉注、呼吸道吸入、灌胃等，可根据研究目的或受试物性质的不同而选择，原则上应尽可能采用与人体接触化学毒物相同的途径。

（2）染毒次数及取样时间。由于不同化学毒物诱发微核出现的高峰时间不尽相同（波动范围可以达到 24～72 h），且通常化学毒物在靶器官内蓄积至一定的浓度才具有致突变作用，所以需要设置不同的采样时间点或采用多次染毒法。一般认为 4 次染毒比较方便合理，即每天染毒 1 次，连续 4 天，第 5 天取样，使取样 1 次就能覆盖 24～72 h 高峰，如果高峰延迟到 96 h 也不会漏掉。

（3）染毒剂量。受试化学毒物的最大剂量除受溶解度大小所限外，应达到最大耐受量。一般情况下，应设 3～5 个或更多剂量组，剂量覆盖的范围要达到 3 个数量级以上。

3）骨髓液的制备和涂片。最后一次染毒 24 h 后，按 100 mg/kg 注射戊巴比妥钠将小鼠处死，迅速用手术剪将其两腿股骨取下，剔去肌肉，用生理盐水洗去血污和碎肉，剪去两端的骨骺，用带针头的 2 mL 注射器吸取小牛血清，插入骨髓腔内，将骨髓冲入离心管，然后用吸管吹打骨髓团块使其均匀，以 1 000 r/min 速度离心 10 min，弃去多余的上清液，留下约 0. 5 mL 与沉淀物混匀后用滴管吸取并滴一滴在清洁的载玻片上，推片，晾干备用。

也可在动物处死后，将其四肢固定于解剖板，浸湿腹中线被毛，剖开胸腹部，取下胸骨，擦净血污，剔去肌肉剪去骨骺，准备一洁净载玻片，滴一滴小牛血清，用小型弯止血钳将骨髓挤于小牛血清上，混匀后推片，晾干备用。

4）固定。将推好晾干的骨髓片放入染色缸中，用卡诺氏固定液固定 5～10 min，取出晾干。不能及时染色的涂片也应固定后保存。

5）染色。将固定晾干后的涂片放入新鲜配制的吉姆萨染液中染色 10～15 min，然后冲洗掉玻片上的染色液，空气干燥。

6）观察计数。先在低倍镜下进行观察，选择分布均匀、染色较好的区域，再在油镜下观察。

细胞中含有的微核多数呈圆形，边缘光滑整齐，嗜色性与核质一致，呈紫红色或蓝紫色。一个细胞内可出现一个或多个微核。

7）数据统计和分析。每只小鼠观察三片玻片，每片玻片计算 1 000 个嗜多染红细胞中的微核细胞数，并计算 200 个细胞中嗜多染红细胞与正染红细胞的比值。

每只动物为一观察单位，分别计算每组的雌、雄动物嗜多染红细胞胞微核（MPCE）的均值，两者之间无明显的性别差异时可合并计算结果，否则应分别进行计算。

正常的嗜多染红细胞与正染红细胞比值约为1（0.6～1.2）。当比值<0.1时，表示嗜多染红细胞形成受到严重抑制，受试化学毒物的剂量过大，试验结果不可靠。

阴性对照组和阳性对照组的微核发生率，应与试验所用动物种属及品系的文献报道结果或者与研究的历史数据相一致。

15.2.5　思考和作业

（1）骨髓中有多种有核细胞，如单核细胞、淋巴细胞等，为何不选择它们做微核试验？

（2）选择一种待测物，设计微核试验检测其安全性。

参考文献

[1] 施立明，张锡然．辐射损伤与微核测定 [J]．生物化学与生物物理进展，1975 (3)：33-35.

[2] 王金发，何炎明，戚康标．遗传学实验教程 [M]．北京：高等教育出版社，2008.

[3] 王昱，朱宇熹．微核的研究及应用 [J]．重庆医学，2003，32 (5)：617-619.

[4] 邢卫平，赵恒奎，姜宗荣．微核及微核试验在遗传毒理学中的应用 [J]．安徽预防医学杂志，2002，8 (5)：317-320.

[5] 王知权．染色体畸变分析作为辐射生物剂量计的最新进展 [J]．国外医学：放射医学核医学分册，1999，023 (003)：109-112.

[6] 汪安琦．哺乳动物和人体染色体的辐射效应 [J]．动物学杂志，1966 (03)：35-39.

[7] SAX K. chromosome aberrations induced by X-rays [J]. genetics，1938，23 (5)：494-516.

[8] BENDER M A，GOOCH P C. types and rates of x-ray-induced chromosome aberrations in human blood irradiated in vitro [J]. proceedings of the National Academy of ences，1962，48 (4)：522-532.

实验十六　粗糙链孢霉顺序四分子分析

16.1　实验目的

（1）观察粗糙链孢霉杂交后代的子囊孢子的分离和交换现象。

（2）掌握顺序排列四分体的遗传学分析方法，进行有关基因与着丝粒距离的计算和作图。

16.2　实验原理

粗糙链孢霉（*Neurosporacrassa*，$2n=14$），又称红色面包霉，在分类学上属于真菌中的子囊菌纲、球壳目、脉孢菌属，目前已知有4～5种，是进行基因分离和连锁交换等遗传分析的良好材料，原因如下：①个体小，生长快，容易培养，一次杂交可产生大量后代；②既可进行有性繁殖，又可进行无性繁殖；③染色体的结构、功能，以及染色体在有性繁殖中的行为与高等生物类似，研究结果可广泛应用于遗传学上；④无性世代是单倍体（$n=7$），没有显隐性，表型可以直接反应基因型，无需进行测交；⑤一次减数分裂形成的四个子囊孢子全部在一个子囊内，并且按照一定的顺序呈直线排列，因此，可直接观察到基因的分离和交换现象。

粗糙链孢霉的营养体是单倍体，由菌丝体和分生孢子组成。菌丝体由许多菌丝细胞组成。在无性繁殖中，菌丝分枝产生粉红色的具有分枝的分生孢子链，孢子链末端形成分生孢子。分生孢子有两种，小型分生孢子中只含有一个大核，大型分生孢子有几个核。分生孢子落在营养物上，孢子萌发成菌丝，菌丝生长成菌丝体（图16－1）。

在有性生殖过程中，两个亲本必须为不同的交配型或结合型，用A，a或mt^{+}，mt^{-}表示，它们受一对等位基因控制，但两种接合型的菌株在形态上没有差别。不同接合型菌株的细胞接合产生子囊果及子囊孢子（有性孢子），这个过程为有性生殖。有性生殖可以通过两种方式进行：

（1）分生孢子与原子囊果结合。当两种接合型的菌丝在杂交培养基上增殖时，会产生许多原子囊果，原子囊果内部附有产囊体。当另一接合型的分生孢子落在原子囊果的受精丝上时，分生孢子的细胞核通过受精丝进入产囊体，并与产囊体中的细胞核成对配合形成异核体排列在产囊体基部及边缘。

由于性刺激的作用，在产囊体上形成若干可分枝的产囊丝。成对的异核体分别进入产囊丝中。产囊丝及分枝顶端细胞延长并弯曲成钩状，称为产囊丝钩。此时产囊丝钩中的异核体同时分裂形成4个细胞核，并在4个核之间形成2个隔膜，使产囊丝钩成为3个细胞，1个顶细胞和2个基细胞。中间的顶细胞为双核，即子囊母细胞。子囊母细胞中的2个核进行核配，成为一个二倍体的杂交细胞核，之后细胞伸长，很快二倍体的细胞核进行减数分裂，形成4个单倍体核，继而又进行一次有丝分裂，形成8个单倍体核，这8个单倍体核分别与它们周围的原生质一起形成8个子囊孢子，顺序地排列在一个子囊中（图16－2）。一个子囊果中通常有30～40个子囊，随着子囊孢子的发育，子囊果逐渐增大成熟，呈黑色。成熟的子囊孢子呈橄榄球状，长30～40 μm，是分生孢子的8－10倍。子囊孢子在合适的条件下便会萌发，长出菌丝，再度开始无性繁殖。

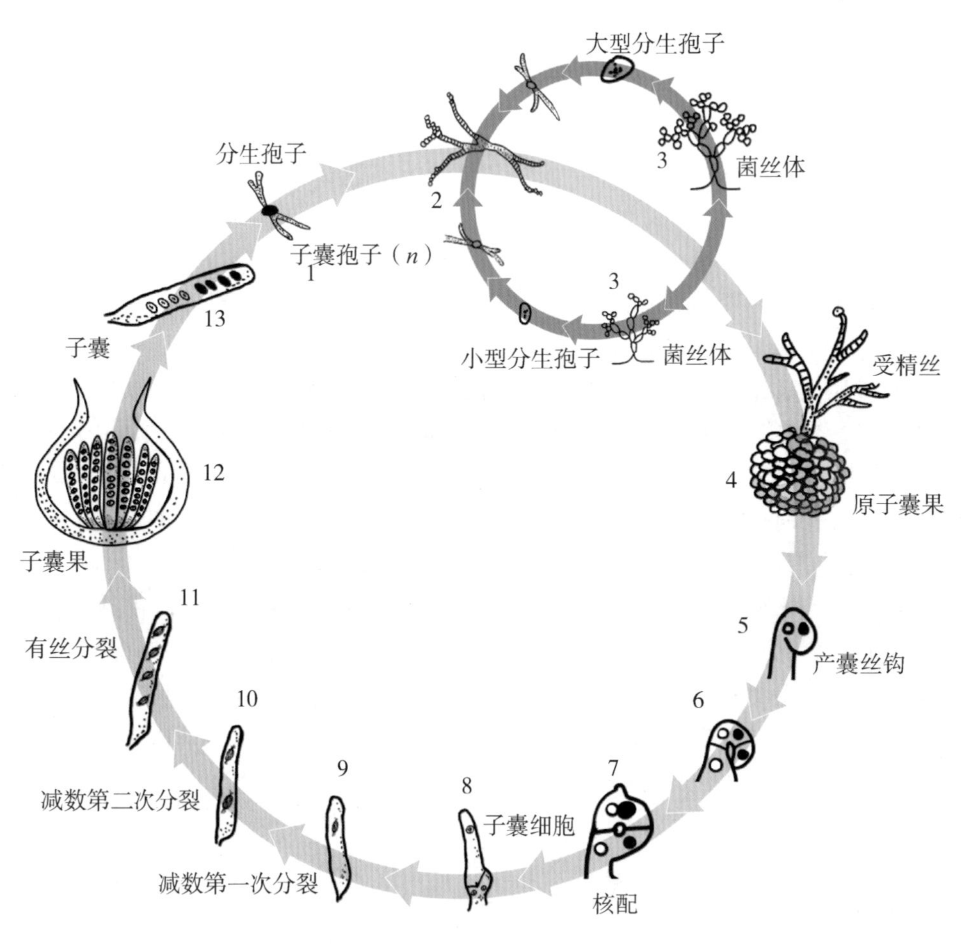

图16－1　粗糙链孢霉的生活史（郭善利，2010）

1～3—为无生生殖；4～13—为有性生殖

（2）菌丝结合。不同接合型的菌株的菌丝接触，进而连接，两种接合型的细胞核发生配对，但不融合，而是形成双核体。随着双核体的发育，子囊壳中形成很多伸长的囊状孢子囊，即子囊。在这些尚未成熟的子囊中即含有融合后形成的二倍体合子。合子形成以后很快在发育着的子囊中进行减数分裂，形成 4 个单倍体核，再进行一次有丝分裂，形成 8 个单倍体子囊孢子。而整个子囊壳就成为成熟的子囊果。

由上可知，在一个成熟的链孢霉子囊中，每个子囊孢子都是单倍体，其基因型直接反映表型，一对等位基因决定的性状在 F1 中就可以分离。因此，如果亲代菌株有某一遗传性状的差异，那么杂交形成的每一个子囊中必定有 4 个子囊孢子属于一个类型，而另外 4 个孢子属于另一种类型。此外，减数分裂形成的 8 个子囊孢子保留了分裂与分离的顺序，依次排列在狭长的子囊中，如果在减数分裂的过程中发生染色体交换，交换结果会反应在子囊孢子的排列顺序中。利用这一特征可以直接观察到染色体交换，并进行着丝粒作图。

本实验用粗糙链孢霉赖氨酸营养缺陷型（Lys^-）与野生型（Lys^+）杂交。赖氨酸缺陷型菌株无赖氨酸合成能力，必须在添加赖氨酸的培养基上才能生长，其子囊孢子比野生型成熟晚。两者杂交形成的子囊中有 4 个子囊孢子属于野生型，另外 4 个属于缺陷型。当野生型的子囊孢子成熟呈黑色时，缺陷型的孢子尚未成熟，为灰白色。如果这一对等位基因未发生交换，则子囊孢子排列顺序有两种，如图 16－2 所示；如果这对等位基因发生交换，则可产生 4 种交换型子囊，子囊孢子的排列顺序有 4 种，如图 16－3 所示。

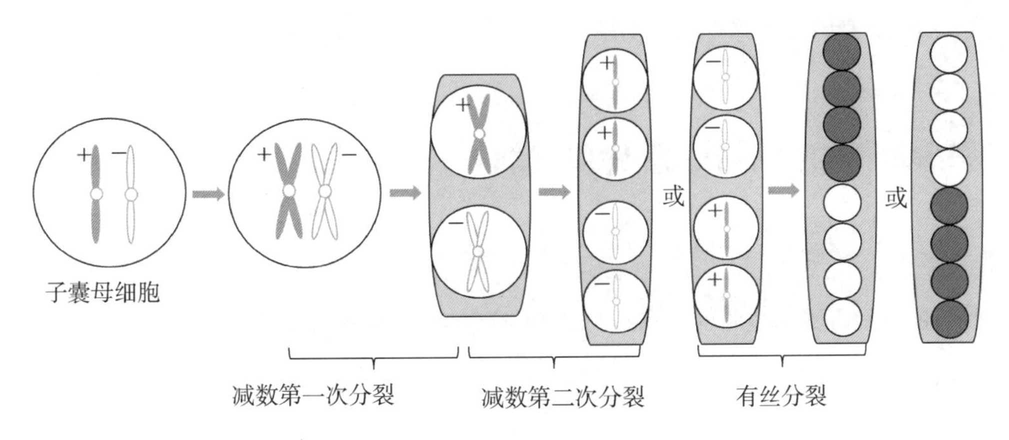

图 16－2　粗糙链孢霉赖氨酸缺陷型非交换型子囊

交换型子囊的出现，是由于该基因与着丝点之间发生了一次染色体片段交换，因而交换型子囊数量愈多，表明该基因和着丝粒的距离愈远。

根据交换型子囊的发生率，就可以计算出某一基因和着丝粒间的距离，称为着丝粒距离。基因交换只发生在二价体的 4 条染色单体中的 2 条之间，交换型子囊中的 8 个子囊孢子仅有一半属于重组类型，因此，必须将交换型子囊的百分率除以 2 才是某一基因与着丝粒间的重组值，计算公式如下：

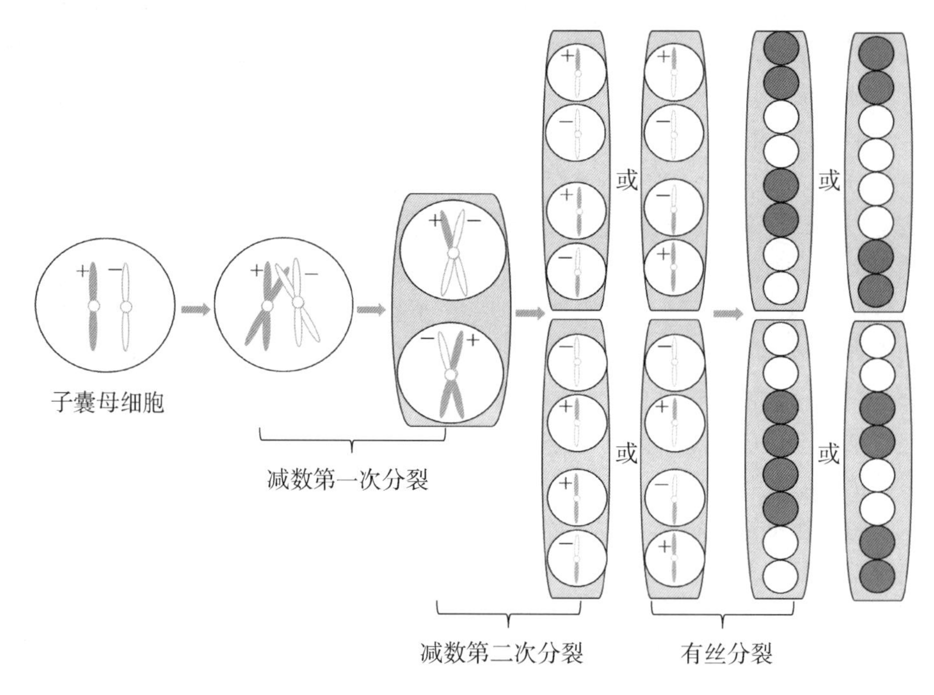

图 16－3　粗糙链孢霉赖氨酸缺陷型交换型子囊

$$基因和着丝粒间的重组值 = \frac{交换型子囊数}{交换型子囊数 + 非交换型子囊数} \times \frac{1}{2} \times 100\%$$

遗传图距:基因与着丝粒间的距离 = 基因和着丝粒间的重组值 × 100(图距单位)

16.3　实验材料、器具和试剂

16.3.1　实验材料

粗糙链孢霉野生型菌株（Lys^+）和赖氨酸缺陷型菌株（Lys^-）。

16.3.2　实验用具

恒温培养箱，高压灭菌锅，超净工作台，电热干燥箱，显微镜，试管，接种环，镊子，载玻片，培养皿。

16.3.3　实验试剂

5%次氯酸钠溶液，赖氨酸，蔗糖，琼脂粉，土豆，玉米等。

16.4　实验准备

16.4.1　培养基配制

（1）基础培养基。又称土豆培养基，培养野生型菌株（*Lys*$^+$）用。

配制方法：土豆去皮切成黄豆大小，每个试管放 3 ～ 5 粒。称取琼脂粉 2 g，蔗糖 2 g，加水 100 mL，加热至琼脂粉完全溶解。待冷却至约 60 ℃时将其分装至试管中，大概试管高度 1/4 即可。盖上透气胶塞，在 121 ℃条件下灭菌 20 min，取出放置斜面。

（2）补充培养基。在基础培养基中添加一定量的赖氨酸，用于培养赖氨酸营养缺陷型菌株（*Lys*$^-$）。

配制方法：在每 100 mL 基础培养基中加 5 ～ 10 mg 赖氨酸，其他同基础培养基。

（3）杂交培养基。供杂交用，也可用于培养赖氨酸营养缺陷型。

配制方法：称取琼脂粉 2 g，加水 100 mL，加热至琼脂粉完全溶解，分装至试管中（约加至试管高度 1/4 即可）。然后每支试管加 3 ～ 5 粒新鲜玉米（也可使用干玉米粒，需浸软后压破），盖上透气胶塞，在 121 ℃条件下灭菌 20 min，取出放置斜面。

16.4.2　菌种活化

用无菌操作方法挑取少量菌丝或者分生孢子接种到相应的培养基试管斜面上，贴好标签，于 28 ℃ 培养 5 ～ 7 d，直至试管中长出很多菌丝，菌丝上部可见红粉状孢子时说明活化成功。

粗糙链孢霉的孢子成熟后呈粉状，极容易散落或飞溅。若操作不慎，野生型和缺陷型很容易交叉污染。由于野生型生长速度快，长势旺盛，缺陷型生长缓慢，长势弱，一旦缺陷型被野生型污染，会很快被野生型覆盖。用污染的缺陷型进行杂交，会导致实验失败：无杂交型子囊。为避免交叉污染，接种时最好分别在两个超净台进行。也可先接种缺陷型，充分清洁操作台面之后再接种野生型。

16.4.3　灭菌滤纸条

将滤纸剪成 1 ～ 2 cm 宽的条状，纵向对折，在 121 ℃条件下灭菌 20 min，将干燥箱烘干备用。

16.5　实验方法和步骤

16.5.1　杂交

在超净工作台中或酒精灯火焰旁，用接种环挑取少许野生型和赖氨酸营养缺陷型的菌丝（菌丝量约 1：3，先缺陷型后野生型），接种在同一试管的杂交培养基上，野生型和缺陷型菌丝相隔一定距离。然后在试管中放入折叠灭菌滤纸条，贴上标签，注明亲本，杂交日期等信息，于 28 ℃恒温下培养。5 d 后可观察到棕色原子囊果出现。之后子囊果逐渐发育成熟，变大变黑。大约在接种 14 d 后可在显微镜下观察分析（图 16－5）。

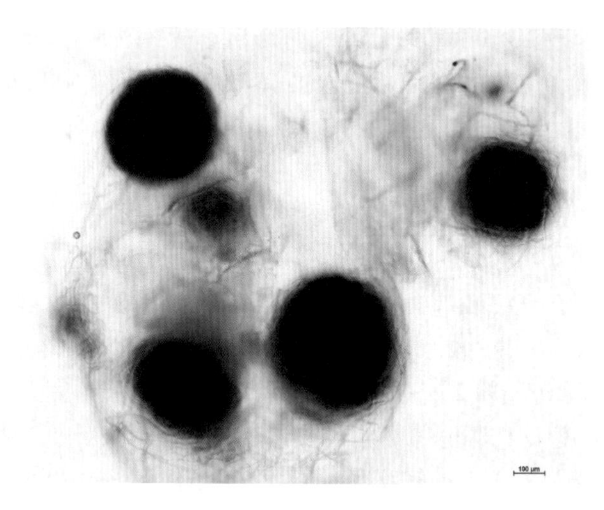

图 16－5　成熟的子囊果

观察时要注意掌握好孢子的成熟程度，过早或过晚均无法区别交换型和非交换型孢子。过早，子囊中的孢子尚未成熟而全部呈灰白色；过晚，则孢子全部成熟呈黑色。要掌握适宜的观察时期，最好是在子囊壳开始变黑时，每天取几个子囊果压片观察，当看到适合时即可开始观察。若无法及时观察，可将试管置于 4～5 ℃冰箱中，保存 3～4 周，延长观察时间。

16.5.2　压片

（1）将附有子囊果的滤纸条用镊子取出，放入盛有次氯酸钠溶液的培养皿中，处理 10 min，杀死孢子，以防孢子飞扬污染实验室。

（2）滴 1 滴次氯酸钠溶液在载玻片上，用接种环挑出 1 粒子囊果放在次氯酸钠溶液中，盖上另一载玻片（与下面的载玻片对齐），用手指适当用力摁压，以压破子囊果。注意上下两个载玻片不要相互移动。

压片不需无菌操作，但过程中也要注意，用过的镊子、接种环、载玻片等用具都需放入 5% 次氯酸钠溶液中浸泡消毒，待弃的菌株和菌液加热至沸腾后 5 min 才能废弃，以免链孢霉污染实验室。

压片时，最好每次挑取 1 粒子囊果，多则不易成功。

16.5.3　观察

玻片压好后，置于 10 倍物镜下观察。压片良好的子囊呈放射状逸出，但子囊中

的子囊孢子不散出，一般一个子囊果中会散出30～40个子囊（图16－6）。

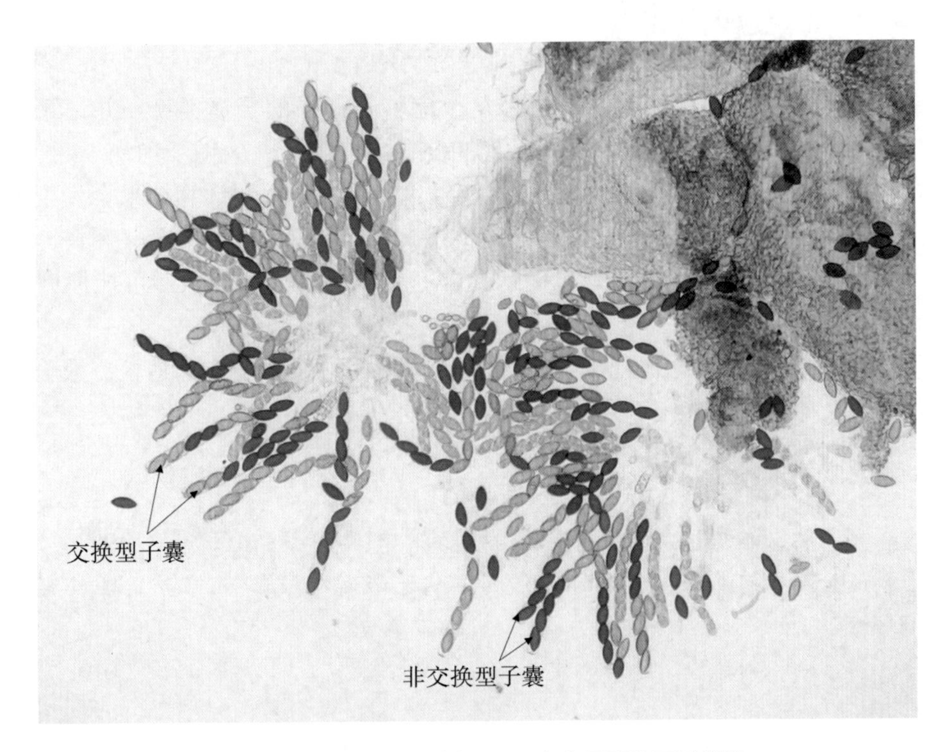

图16－6　链孢霉 Lys^{+} 与 Lys^{-} 杂交子囊的不同类型

16.5.4　结果统计和分析

逐个确定子囊果中各子囊的类型，计数并将结果记录于表16－1中。根据统计结果计算 *lys* 基因重组值及其与着丝点距离。

表16－1　链孢霉子囊类型统计

子囊类型	孢子排列方式	观察数	合计
非交换型	●●●●○○○○		
	○○○○●●●●		
交换型	●●○○●●○○		
	○○●●○○●●		
	●●○○○○●●		
	○○●●●●○○		
其他类型			

16.6 思考和作业

（1）观察一定数目的子囊果，记录每个完整子囊果的子囊类型，并记录到表16-1中，计算*Lys*基因与着丝粒间的距离。

（2）假设在基因与着丝粒之间有双交换发生，你的数据和计算结果会发生怎样的偏差？

（3）你实际获得着丝粒距离和文献数据一致吗？如果不一致，可能原因会是什么？

（4）为什么杂交接种菌丝量野生型和突变型的比约为1∶3？如何检测缺陷型是否被污染？

参考文献

[1] 刘祖洞，江绍慧. 遗传学实验［M］. 北京：高等教育出版社，1987.

[2] 王金发，何炎明，戚康标. 遗传学实验教程［M］. 北京：高等教育出版社，2008.

[3] 郭善利，刘林德. 遗传学实验教程［M］. 北京：科学出版社，2010.

实验十七　人群中 PTC 味盲基因的遗传分析

17.1　实验目的

（1）掌握阈值法检测 PTC 味盲基因的方法，通过对 PTC 味盲基因频率的分析，了解群体基因频率测算的一般方法。

（2）加深对遗传平衡定律的理解。

17.2　实验原理

苯硫脲（phenylthiourea，PTC）是一种白色晶体状有机化合物，分子式为 $C_7H_8N_2S$，分子结构如图 17－1，因带有硫代酰胺基（N-C＝S）而呈苦味。1931 年，美国科学家 Fox 在实验时偶然发现，不同人对苯硫脲溶液的苦味有不同的尝味能力：有些人对 PTC 有苦味感，被称为尝味者（敏感者）；有些人则没有，被称为味盲者。需要注意的是，PTC 味盲者仅对含硫代酰胺基的苦味物质无苦味感，对其他不含硫代酰胺基的苦味物质（如苦味酸等）仍然有苦味感。

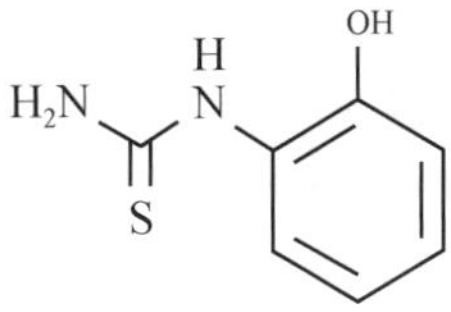

图 17－1　苯硫脲分子结构

1932 年 Blakeslee 和 Snyder 分别通过对 PTC 尝味者的家系调查证实，人类对苯硫脲的尝味能力是一种遗传性状，与位于 7 号常染色体上的一对等位基因（T/t）相关，其中，T 对 t 为不完全显性。正常尝味者的基因型为 TT；杂合子的基因型为 Tt，尝味能力较低；隐性纯合子的基因型为 tt，尝味能力极低，个别人甚至对 PTC 的结晶也尝不出苦味，这类个体在遗传上称为 PTC 味盲者。不同民族与地区的人群 PTC 味盲率有很大的差异，味盲率最高的地区为印度，达 52.8%；英国、德国等欧州国家味盲率在 30% 左右；亚洲人的味盲率较低，汉族人的味盲率仅 8.3%；黑人和印第安人的味盲率极低，黑人只有 3%～4%，印第安人仅有 1.2%，甚至为 0。

遗传平衡定律又叫哈迪－温伯格定律（Hardy-Weinberg law），由英国数学家 Hardy 和德国医生 Weinberg 分别于 1908 年和 1909 年各自提出，是指在群体无限大且随机婚配，没有突变、没有选择、没有迁移、没有遗传漂变的情况下，群体内一个位点上的基因型频率和基因频率将始终保持不变，处于遗传平衡状态。一对等位基因的哈迪－温伯格定律的公式为：$(p+q)^2=p^2+2pq+q^2=1$，p 代表一个等位基因（如 A）的频率，q 代表另一个等位基因（如 a）的频率。因此，如果能获得 T 和 t 的实际频率，通过卡方检验即可验证该群体的这一基因是否处于遗传平衡定律状态。

常用检测 PTC 味盲的方法有纸片法、结晶法、阈值法等。本实验用阈值法检测 PTC 味盲，该方法由 Harris 和 Kalmus 于 1949 年创立，根据受试者对梯度浓度 PTC 溶液的尝味能力鉴别味盲者和尝味者。正常尝味者能尝出 1/750 000～1/6 000 000 mol/L 的 PTC 溶液的苦味；杂合子只能尝出 1/48 000～1/380 000 mol/L 的 PTC 溶液的苦味；而基因型为 *tt* 的人只能尝出 1/24 000 mol/L 以上浓度 PTC 溶液的苦味，PTC 溶液浓度对应基因型见表 17－1。

PTC 结晶不易溶于水，室温溶解需 1～2 d，可加热、搅拌加速溶解。

表 17－1　PTC 溶液的配制方法和各浓度对应的基因型

编　号	配制方法	浓度/（mol/L）	基　因　型
1 号	1.3 g PTC＋蒸馏水 1 000 mL	1/750	*tt*
2 号	1 号液 100 mL＋蒸馏水 100 mL	1/1 500	*tt*
3 号	2 号液 100 mL＋蒸馏水 100 mL	1/3 000	*tt*
4 号	3 号液 100 mL＋蒸馏水 100 mL	1/6 000	*tt*
5 号	4 号液 100 mL＋蒸馏水 100 mL	1/12 000	*tt*
6 号	5 号液 100 mL＋蒸馏水 100 mL	1/24 000	*tt*
7 号	6 号液 100 mL＋蒸馏水 100 mL	1/48 000	*Tt*
8 号	7 号液 100 mL＋蒸馏水 100 mL	1/96 000	*Tt*
9 号	8 号液 100 mL＋蒸馏水 100 mL	1/192 000	*Tt*
10 号	9 号液 100 mL＋蒸馏水 100 mL	1/380 000	*Tt*
11 号	10 号液 100 mL＋蒸馏水 100 mL	1/750 000	*TT*
12 号	11 号液 100 mL＋蒸馏水 100 mL	1/1500 000	*TT*
13 号	12 号液 100 mL＋蒸馏水 100 mL	1/3 000 000	*TT*
14 号	13 号液 100 mL＋蒸馏水 100 mL	1/6 000 000	*TT*
15 号	蒸馏水		

17.3　实验用具和试剂

17.3.1　实验用具

电子天平，高压灭菌锅，烧杯，容量瓶，量筒，试剂瓶，纯净水，无菌滴管等。

17.3.3　实验试剂

苯硫脲溶液：称取 PTC 结晶 1.3 g，溶解于少量蒸馏水中，定容至 1 000 mL，得到浓度为 1/750 mol/L 的 PTC 溶液，即 1 号溶液。取 100 mL 1 号溶液与 100 mL 蒸馏水混合，得到 2 号溶液，用该方法依次配制 3～14 号溶液（表 17－1）。

17.4　实验方法和步骤

（1）受试者端座，漱口，仰头张口将舌伸出，用滴管滴 3～5 滴 14 号液于受试者舌根部，让受试者慢慢咽下品味，然后用蒸馏水做同样的试验。询问受试者能否鉴别此两种溶液的味道。若不能鉴别或鉴别不准，则依次用 13 号，12 号，11 号，……溶液重复试验，直至能明确鉴别出 PTC 的苦味为止。

给受试者滴液时须要悬空滴，避免碰到受试者。另外，保证每次滴加试液的量一致。

测定时，应将 PTC 溶液与蒸馏水反复交替给受试者，以免由于受试者的猜测及心理作用而影响结果的准确性。

（2）当受试者鉴别出某一号溶液时，应当用此号溶液重复尝味 3 次，3 次结果相同时，视为结果可靠，并记录首次尝到 PTC 苦味的浓度等级号。根据浓度等级判定受试者的基因型。如果受试者直到 1 号溶液仍尝不出苦味，则其尝味浓度等级定为“<1”号，将受试者尝出苦味的液体编号记录在表 17－2。

表 17－2　PTC 尝味测试结果记录

受试者姓名	民族	籍贯	尝味溶液编号	基因型		
				TT	*Tt*	*tt*
王五						
李四						
张三						
……						
（总人数）	—	—	—			

（3）结果统计和分析。根据尝味结果，统计基因型 *TT*、*Tt* 和 *tt* 的人数，分别记

为 $n(TT)$、$n(Tt)$ 和 $n(tt)$，总人数记为 N，$N = n(TT) + n(Tt) + n(tt)$，计算各基因的频率填入表17-3，用卡方检验验证受测群体是否是一个平衡群体。

T 基因的实测频率：

$$p = \frac{n(TT) \times 2 + n(Tt)}{N \times 2}$$

t 基因的实测频率：

$$q = \frac{n(tt) \times 2 + n(Tt)}{N \times 2}$$

假设该群体为平衡群体，根据哈代-温伯格公式，理论基因型频率：TT 基因型频率为 p^2，Tt 基因型频率为 $2pq$，Tt 基因型频率为 q^2。

各基因型的理论人数：TT 基因型为 $N \times p^2$，Tt 基因型为 $N \times 2pq$，Tt 基因型为 $N \times q^2$。

表17-3 卡方检验

项目	TT	Tt	tt	合　计
实测人数（O）				
理论人数（E）				
偏差（$O-E$）				
$\frac{(O-E)^2}{E}$				

17.5 思考与作业

（1）根据班级测定结果，计算该受测群体中 T 和 t 的基因频率。
（2）该受测群体是否为平衡群体？如果不是，可能的原因有哪些？

参考文献

[1] 杜若甫．中国人群体遗传学［M］．北京：科学出版社，2004.

[2] 赵淑娟，庞有志，杨又兵，等．苯硫脲（PTC）味盲基因频率的测定与分析［J］．河南科技大学学报（医学版），2005（2）：97-98.

[3] BLAKESLEEP A F. Genetics of sensory thresholds：taste for phenylthiocarbamide［J］. Proc NatlAcad Sci USA，1932（18）：115-120.

实验十八　人类指纹的遗传分析

18.1　实验目的

（1）掌握指纹分析的基本知识与方法。
（2）通过指纹分析了解群体数据的采集和分析方法。

18.2　实验原理

人体的手掌、手指、脚掌、脚趾等部位的皮肤表面具有的特定纹理简称皮纹。人体的皮肤由真皮和表皮组成，真皮乳头向表皮突出，形成许多整齐的乳头线，称为嵴纹或嵴线（ridge）。嵴线之间凹陷部分称为皮沟（dermal furrow）。嵴纹和皮沟就构成人的皮纹。皮纹包括指纹、掌纹和褶纹。

人体的皮纹属于多基因遗传，具有高度的个体特异性。皮纹在胚胎发育的第12～13周开始出现，第19周左右已经形成，并保持终生不变。皮纹被称为“暴露在外面的遗传因子”。最常用的皮纹为指纹，即手指末端腹面的皮肤纹理。

人类的指纹通常分为3种基本类型，即弓形纹（arch，A）、箕形纹（loop，L）和涡形纹（whorl，W）或斗形纹。其中，在箕形纹和斗形纹中，都有3组纹线经过的一个共同的汇合点，称为三叉点（triradius）。根据三叉点，可以获得一个重要的指纹参数——嵴纹数（ridge count）。一个手指的嵴纹数就是三叉点与指纹中心的连线上的嵴纹数。十指嵴纹数相加，就得到总指嵴数（total finger ridge count，TFRC）。亲属间总指嵴数的相关性分析发现，同卵双生子与异卵双生子的总指嵴数相关系数分别是0.95±0.07（理论相关1.00）和0.49±0.08（理论相关0.50），这个结果为同卵双生儿与异卵双生儿的区分提供了一种依据；父母与子女间的总指嵴数相关系数是0.48±0.03（理论相关0.50）。

18.3　实验材料、用具

18.3.1　实验材料

人手指指纹。

18.3.2　实验用具

放大镜，直尺，铅笔，印台，印油，打印纸等。

18.4　实验方法和步骤

18.4.1　指纹印取

染有印油的手指在纸面上由一侧向另一侧轻轻滚动一次，注意印出手指两侧的指纹。依次印取10个手指的指纹。

18.4.2　指纹分析

（1）弓形纹。嵴纹线由手指的一侧走向另一侧，中部隆起呈弓形。纹理彼此平行，无三叉点。弓形纹又分为弧形弓和帐形弓。前者由若干平行的弧形嵴线构成，后者嵴线中部弯曲较大，呈帐篷状。

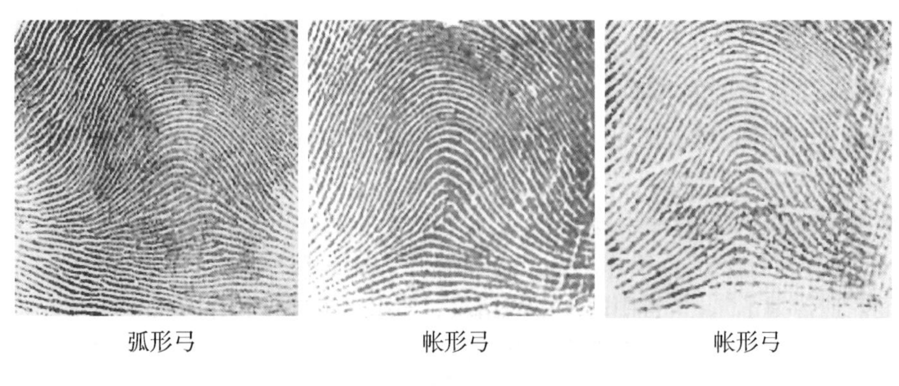

弧形弓　　帐形弓　　帐形弓

图18－1　弓形纹

（2）箕形纹。嵴纹由指尖一侧发出，斜向上弯曲后中途折回原侧。在箕头的下方有一个三叉点。按箕形开口的方向分为尺箕和桡箕。前者又被称为正箕，箕口朝向小指侧，即尺骨方向；后者又被称反箕，箕口朝向拇指一侧。

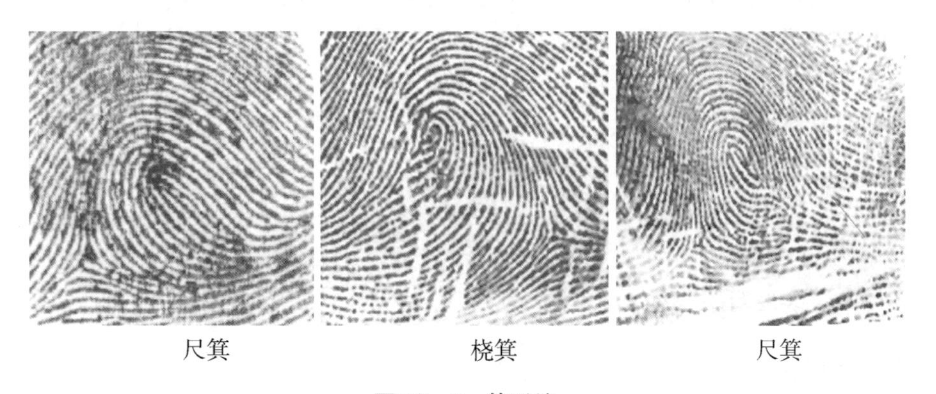

尺箕　　桡箕　　尺箕

图18－2　箕形纹

(3) 斗形纹。又称螺纹或涡形纹，由环形或螺线形的嵴纹绕着一个中心点组成。根据构成斗形纹的嵴纹的形态，又可将斗形纹分成环形斗、螺形斗、囊形斗、双箕斗等类型。环形斗由几条呈同心圆环状的嵴纹组成；螺形斗则由螺线形嵴纹组成。如果在斗形纹的中心，有一条闭合的曲线形嵴纹与其内部的几条弧形线共同组成一个囊状结构，这种斗形纹为囊形斗。斗形纹的主要特征是具有两个三叉点。

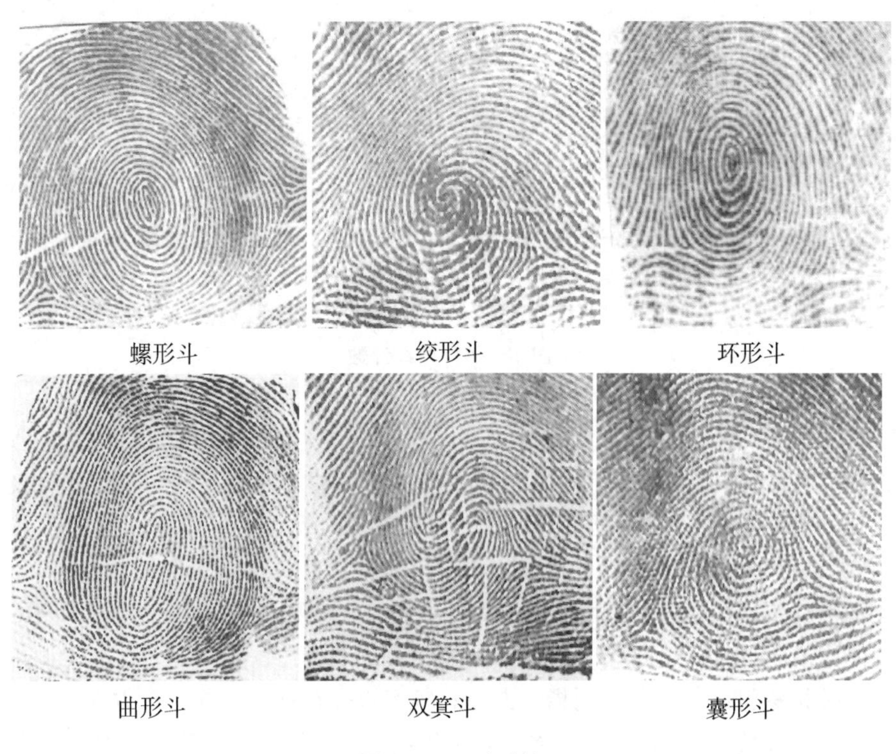

图 18-3 斗形纹

18.4.3 嵴线计数

从箕形纹或斗形纹的纹心到三叉点的中心绘一连线，计算连线通过的嵴线数，连线的起止点处的嵴线数不计在内。弓形纹因没有纹心和三叉点，故嵴线数为零；箕形纹按图 18-4 所示方法计数；斗形纹因有 2 个三叉点，需计数 2 次，并按较大的嵴线数计。双箕斗先分别计算两个纹心与各自的三叉点连线所通过的嵴线数，再计算两纹心连线所通过的嵴线数，三者相加除以二即为该指纹的嵴线数。

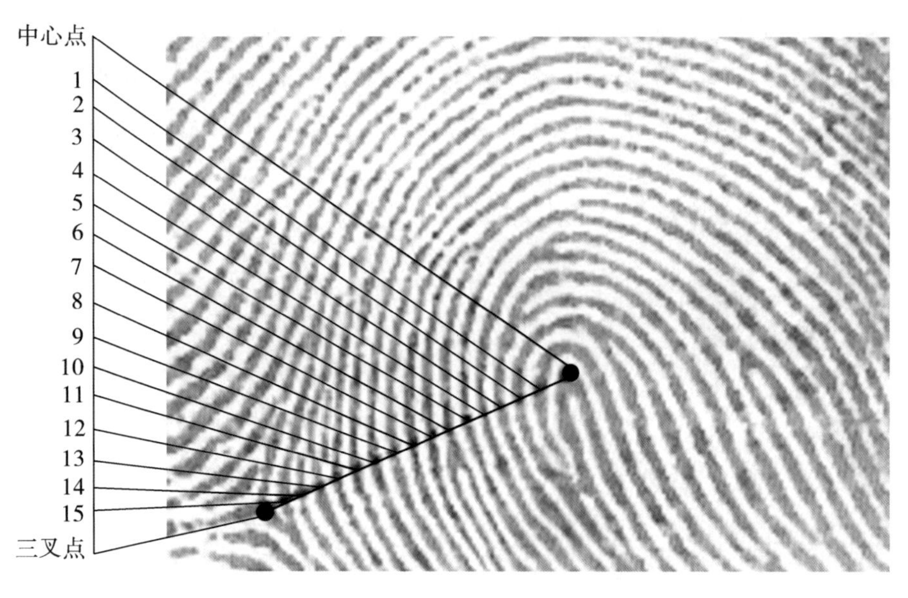

图 18－4　嵴纹计数

18.4.4　总指嵴数

将 10 个手指的嵴线数相加所得之和即为总指嵴数。种族不同，性别不同的个体间，总指嵴数存在差异。我国正常人斗形纹较多，故 TFRC 较高。我国汉族男性 TFRC 值平均为 148.80 条，女性平均为 138.46 条。而欧美人斗形纹较少，TFRC 较低，英国男性平均总指嵴数约为 145，女性平均总指嵴数约为 127。另外，TFRC 有随 X 染色体增多而递减的趋向。

统计分析资料还表明，不同指纹的分布频率也存在种族差异，东方人多尺箕和斗形纹，弓形纹和桡箕较少。弓、箕、斗 3 种指纹出现的百分率，中国人的分别是 2.5%、47.5%和 50%，犹太人的分别为 4.25%、53.0%和 42.75%，英国人的是 4.832%、69.316%和 24.346%。此外，还存在性别差异，女性较男性多弓形纹，斗形纹略少。

18.5　思考和作业

（1）将本人指纹的各项调查结果填入表 18－1 中。

表 18－1　个人指纹图及嵴纹数统计

左手						
项目	拇指	食指	中指	无名指	小指	嵴数小计
指纹图						
指纹类型						
嵴纹数						
右手						
项目	拇指	食指	中指	无名指	小指	嵴数小计
指纹图						
指纹类型						
嵴纹数						

（2）统计全体参加实验人员的数据，计算出平均总指嵴数，完成表 18－2，并统计各种类型指纹在不同性别及群体中出现的频率。

表 18－2　全体实验人员嵴纹数统计

项目	男性	女性	总计
人数			
嵴纹数			
平均值			

参考文献

［1］杜若甫．中国人群体遗传学［M］．北京：科学出版社，2004.

［2］刘持平．中华指纹发明史考［M］．北京：群众出版社，2018.

［3］刘少聪．新指纹学［M］．合肥：安徽人民出版社，1984.

［4］汤志宏，黄琳．遗传学实验［M］．青岛：中国海洋大学出版社，2011.

［5］张海国，王伟成，等．中国人肤纹研究 Ⅱ.1，040 例总指纹嵴数和 a—b 纹嵴数正常值的测定［J］．遗传学报，1982（3）：220－227.

［6］张海国，沈若茴，等．双箕斗指嵴数的计算法［J］．上海第二医科大学学报，1988（1）：54－56.

附　录

附录一　常用染色液的配制

一、吉姆萨（Giemsa）染液

吉姆萨染料是一种混合染料，由天青色素、伊红、次甲蓝混合而成，主要成分为天青素。吉姆萨染液可将细胞核染成紫红色或蓝紫色，细胞质染成粉红色，适于血液涂片、疟原虫、立克次体以及骨髓细胞等的染色。室温条件下染色通常需要15～30 min。

母液配制：

称取吉姆萨染料1.0 g，加入66 mL甘油混匀，于60 ℃条件下溶解2 h，待其充分溶解后，再加入66 mL甲醇混匀，即配成母液。

吉姆萨染料难溶，可加少量甘油，用研钵充分研磨后再加入剩下的甘油（甘油总量66 mL），混匀后于60 ℃电热鼓风干燥箱中溶解，再加入66 mL甲醇混匀。

将母液装于棕色瓶中，于4 ℃条件下可长期保存。一般，刚配好的母液染色效果欠佳，保存时间越长效果越好。

工作液：

临用时用pH 6.8 PBS稀释。

二、改良苯酚品红（Carbolfuchsin）染液

苯酚品红染液又叫卡宝品红染色液，常用于植物组织压片和涂片，经改良后染色更佳。改良苯酚品红染液将细胞核和染色体染成红紫色，细胞质一般不着色，背景清晰，且染色快，室温仅需5～15 min。

配制方法：

原液A：取3.0 g碱性品红溶于100 mL 70%乙醇溶液中，此液可长期保存。

原液B：取10 mL原液A加入90 mL 5%苯酚（即石炭酸）水溶液中，此液需2周内使用。

原液C：取原液B加入6 mL冰醋酸和6 mL 38%甲醛溶液，此液可长期保存。

工作液：取10 mL原液C，加入90～98 mL 45%醋酸溶液和1.5 g山梨醇，即配成工作液。刚配制的工作液染色效果差，需放置2周后使用，并且染色效果会随时间增加而增加，在4 ℃条件下保存可使用3年以上。

注：山梨醇为助渗剂，兼有稳定染色液的作用，如果没有山梨醇，也能染色，但

效果稍差。

三、醋酸洋红染液（acetocarmine）

醋酸洋红染液是一种常用的碱性染料，常用于细胞核和染色体的染色，如观察植物细胞有丝分裂，或鉴定单核期花粉。

酸性或碱性染色剂的界定并非由染料溶液的 pH 决定，而是根据染料物质中助色基团电离后所带的电荷来决定。一般来说，助色基团带正电荷的染色剂为碱性染色剂，反之则为酸性染色剂。

醋酸洋红染液由高浓度的醋酸和洋红配制而成，洋红是一种天然染料，是从一种热带胭脂虫雌虫干燥后的虫体中提取，又叫胭脂红，或者卡红（Carmine）。单纯的洋红没有染色能力，要经酸性或碱性溶液溶解后才能染色。常用的酸性溶液有冰醋酸、苦味酸溶液等，碱性溶液有硼砂溶液、氨水等。此外，洋红染液中加入少量铁、铝等金属盐类媒染剂可显著增强染色效果。醋酸洋红染液可以将细胞核或染色体染成红色，优点是细胞核染色效果良好，染色后可保存几年不褪色；缺点是染色时间较长，花粉需 10 ～30 min，动植物切片和植物组织压片需 5 ～20 min。

配制方法：取 45% 醋酸溶液 100 mL，加热至沸腾后停止加热，将 1. 0 g 洋红粉末缓慢加入其中，并不断搅拌使其溶解，然后重新加热至沸腾 1 ～2 min（注意防止爆沸）。此时取一枚生锈的铁钉或铁丝，用细线悬着浸入染色液中 1 min 取出，也可加入 1%～2% 氢氧化铁溶液 5 ～10 滴（不发生沉淀为宜），搅拌均匀，冷却后过滤保存于棕色瓶中，避免阳光直射。

四、龙胆紫染液

龙胆紫染液为一种碱性阳离子染料，因其阳离子能与细菌蛋白质的羧基结合，从而能给活体细胞染色。龙胆紫染液可以将细胞核或染色体染成紫色。

配制方法：取 1. 0 g 龙胆紫，加入少量 2% 醋酸溶液中，搅拌至完全溶解，然后加 2% 醋酸溶液，直到溶液不呈深紫色为止。

五、甲苯胺蓝溶液

甲苯胺蓝又叫氯托洛宁，是一种人工合成染料，易溶于水，溶液呈蓝紫色，碱性，可使组织细胞中的酸性物质着色，常用于肥大细胞染色。

0. 2 g 甲苯胺蓝溶液配制方法：取甲苯胺蓝 0. 2 g，溶于少量丙酮中，加双蒸水稀释至 100 mL，即 0. 2% 水溶液。

附录二　常用缓冲液的配制

一、磷酸缓冲液

磷酸缓冲液的主要成分为磷酸二氢钠、磷酸氢二钠、磷酸二氢钾、磷酸氢二钾，它具有受温度影响小、适用 pH 范围宽、缓冲能力强、缓冲液稀释后 pH 变化小等优点（附表 2－1 和附表 2－2）。

（1）磷酸氢二钠－磷酸二氢钠（0.2 mol/L）。

附表 2－1　磷酸氢二钠－磷酸二氢钠

pH	0.2 mol/L NaH_2PO_4/mL	0.2 mol/L Na_2HPO_4/mL
5.7	935	65
5.8	920	80
5.9	900	100
6.0	877	123
6.1	850	150
6.2	815	185
6.3	775	225
6.4	735	265
6.5	685	315
6.6	625	375
6.7	565	435
6.8	510	490
6.9	450	550
7.0	390	610
7.1	330	670
7.2	280	720
7.3	230	670
7.4	190	810
7.5	160	840
7.6	130	870
7.7	105	895

续附表 2－1

pH	0.2 mol/L NaH_2PO_4/mL	0.2 mol/L Na_2HPO_4/mL
7.8	85	915
7.9	70	930
8.0	53	947

$NaH_2PO_4 \cdot 2H_2O$：*Mr*＝156.01，0.2 mol/L 溶液为 31.20 g/L。

$NaH_2PO_4 \cdot H_2O$：*Mr*＝138.01，0.2 mol/L 溶液为 27.6 g/L。

NaH_2PO_4：*Mr*＝119.98，0.2 mol/L 溶液为 24.00 g/L。

$Na_2HPO_4 \cdot 2H_2O$：*Mr*＝177.99，0.2 mol/L 溶液为 35.60 g/L。

$Na_2HPO_4 \cdot 7H_2O$：*Mr*＝268.07，0.2 mol/L 溶液为 53.61 g/L。

$Na_2HPO_4 \cdot 12H_2O$：*Mr*＝358.14，0.2 mol/L 溶液为 71.63 g/L。

（2）磷酸氢二钠－磷酸二氢钾（1/15 mol/L）。

附表 2－2　磷酸氢二钠－磷酸二氢钾

pH	1/15 mol/L KH_2PO_4/mL	1/15 mol/L Na_2HPO_4/mL
4.92	990	10
5.29	950	50
5.91	900	100
6.24	800	200
6.47	700	300
6.64	600	400
6.81	500	500
6.98	400	600
7.17	300	700
7.38	200	800
7.73	100	900
8.04	50	950
8.34	25	975
8.67	10	990
9.81	0	1 000

KH_2PO_4：*Mr*＝136.09，1/15 mol/L 溶液为 9.07 g/L。

Na_2HPO_4：*Mr*＝141.96，1/15 mol/L 溶液为 9.46 g/L。

（3）磷酸盐缓冲溶液（phosphate buffer saline，PBS）。

PBS 是生物化学与分子生物学中使用最为广泛的一种缓冲液，主要成分除了磷酸盐之外还会加入氯化钠和氯化钾，以提高离子浓度。根据不同需要，PBS 的配制方法也不尽相同，不同配方的生物学作用亦不完全相同。例如，为了提供双价阳离子，会在 PBS 中补加 1 mol/L $CaCl_2$ 溶液或 0.5 mmol/L $MgCl_2$ 溶液；为了增加疏水有机物在水中的分散性，会在 PBS 中加 0.05% 吐温-20。加入吐温-20 的 PBS 简称为 PBST。1×PBS 就是 0.01 mol/L 的磷酸盐缓冲液，可直接使用。

常用 PBS 配方如下：称取磷酸二氢钾（KH_2PO_4）0.24 g，磷酸氢二钠（Na_2HPO_4）1.44 g，氯化钠（NaCl）8 g，氯化钾（KCl）0.2 g，加双蒸水约 800 mL，充分搅拌溶解。然后用浓盐酸调 pH 至 7.2～7.4，最后定容到 1 L。

二、柠檬酸钠缓冲液（saline sodium citrate，SSC）

柠檬酸钠缓冲液的主要成分为柠檬酸和氯化钠，是分子生物学中最常用的印迹及分子杂交处理液，通常配制成 20 倍的贮存液，即 20×SSC，其配制方法如下：称取 175.3 g NaCl 和 88.2 g 柠檬酸钠溶于 800 mL 双蒸水中，用 10 mol/L NaOH 溶液将 pH 调至 7.0，加双蒸水定容至 1 000 mL。使用时按所需浓度进行稀释，如 2×SSC，即取 20×SSC 稀释 10 倍。

三、Tris－HCl 缓冲液

Tris 即三羟甲基氨基甲烷，分子式为 $NH_2C(CH_2OH)_3$，分子量 121.14，广泛用于生物化学和分子生物学实验中的缓冲液制备。Tris 弱碱性，有效缓冲范围在 pH 7.0～9.2，配制方法如下：称取 121.1 g Tris 于 1 L 烧杯中，加入 800 mL 左右的双蒸水，搅拌至完全溶解，用浓盐酸调节 pH 至所需值后将溶液定容至 1 L。常用 pH 所需盐酸量如附表 2－3 所示。

附表 2－3　Tris－HCl 缓冲液

pH	浓 HCl 量/mL
7.4	约 70
7.6	约 60
8.0	约 42

四、TE 缓冲液（Tris－EDTA buffer solution）

TE 缓冲液由 Tris 和 EDTA 配制而成，主要用于溶解核酸，能稳定储存 DNA 和 RNA。配制方法：

A 液：

1 mol/L Tris－HCl（pH 8.0）溶液：称取 Tris 6.06 g，加超纯水 40 mL 溶解，滴加浓 HCl 约 2.1 mL 调 pH 至 8.0，定容至 50 mL。

B 液：

0.5 M EDTA（pH 8.0）50 mL 的配制：称取 EDTA－Na_2·$2H_2O$ 9.306 g，加超纯水 35 mL，剧烈搅拌，用约 1 g NaOH 颗粒调 pH 至 8.0，定容至 50 mL。（EDTA 二钠盐需加入 NaOH 将 pH 调至接近 8.0 时，才会溶解。）

1×TE（10 mmol/L Tris－HCl 溶液，pH 8.0；1 mmol/L EDTA，pH 8.0）的配制：取 A 液 1 mL，B 液 0.2 mL，用超纯水定容至 100 mL。

附录三　常用实验材料的体细胞染色体数目

常用实验材料的体细胞染色体数目如附表 3－1 所示。

附表 3－1　常用实验材料的体细胞染色体数目

真　菌	
名　称	染色体数目
链孢霉	7（n）
青霉	4（n）
曲霉	8（n）
植　物	
名　称	染色体数目
水稻	24
玉米	20
韭菜	32
白菜	20
大蒜	16
洋葱	16
蚕豆	12
豌豆	14
菜豆	22
百合	24
动　物	
名　称	染色体数目
马蛔虫	4
果蝇	8
蚊子	6
文昌鱼	24
斑马鱼	50
海水青鳉	48
泥鳅	12
黄鳝	24

续附表3－1

名　　称	染色体数目
花鲈	48
罗非鱼	44
青蛙	26
牛蛙	26
鸡	78
大鼠	42
小鼠	40
豚鼠	64
兔	44
猪	38
狗	78
猕猴	42

附录四　卡方值分布表

卡方值分布表如附表4－1所示。

附表4－1　卡方值分布

df	α										
	0. 995	0. 990	0. 950	0. 900	0. 750	0. 500	0. 250	0. 10	0. 050	0. 010	0. 005
1	0. 00	0. 00	0. 00	0. 02	0. 10	0. 45	1. 32	2. 71	3. 84	6. 63	7. 88
2	0. 01	0. 02	0. 10	0. 21	0. 58	1. 39	2. 77	4. 61	5. 99	9. 21	10. 60
3	0. 07	0. 11	0. 35	0. 58	1. 21	2. 37	4. 11	6. 25	7. 81	11. 34	12. 84
4	0. 21	0. 30	0. 71	1. 06	1. 92	3. 36	5. 39	7. 78	9. 49	13. 28	14. 86
5	0. 41	0. 55	1. 15	1. 61	2. 67	4. 35	6. 63	9. 24	11. 07	15. 09	16. 75
6	0. 68	0. 87	1. 64	2. 20	3. 45	5. 35	7. 84	10. 64	12. 59	16. 81	18. 55
7	0. 99	1. 24	2. 17	2. 83	4. 25	6. 35	9. 04	12. 02	14. 07	18. 48	20. 28
8	1. 34	1. 65	2. 73	3. 49	5. 07	7. 34	10. 22	13. 36	15. 51	20. 09	21. 95
9	1. 73	2. 09	3. 33	4. 17	5. 90	8. 34	11. 39	14. 68	16. 92	21. 67	23. 59
10	2. 16	2. 56	3. 94	4. 87	6. 74	9. 34	12. 55	15. 99	18. 31	23. 21	25. 19
11	2. 60	3. 05	4. 57	5. 58	7. 58	10. 34	13. 70	17. 28	19. 68	24. 72	26. 76
12	3. 07	3. 57	5. 23	6. 30	8. 44	11. 34	14. 85	18. 55	21. 03	26. 22	28. 30
13	3. 57	4. 11	5. 89	7. 04	9. 30	12. 34	15. 98	19. 81	22. 36	27. 69	29. 82
14	4. 07	4. 66	6. 57	7. 79	10. 17	13. 34	17. 12	21. 06	23. 68	29. 14	31. 32
15	4. 60	5. 23	7. 26	8. 55	11. 04	14. 34	18. 25	22. 31	25. 00	30. 58	32. 80
16	5. 14	5. 81	7. 96	9. 31	11. 91	15. 34	19. 37	23. 54	26. 30	32. 00	34. 27
17	5. 70	6. 41	8. 67	10. 09	12. 79	16. 34	20. 49	24. 77	27. 59	33. 41	35. 72
18	6. 26	7. 01	9. 39	10. 86	13. 68	17. 34	21. 60	25. 99	28. 87	34. 81	37. 16
19	6. 84	7. 63	10. 12	11. 65	14. 56	18. 34	22. 72	27. 20	30. 14	36. 19	38. 58
20	7. 43	8. 26	10. 85	12. 44	15. 45	19. 34	23. 83	28. 41	31. 41	37. 57	40. 00
21	8. 03	8. 90	11. 59	13. 24	16. 34	20. 34	24. 93	29. 62	32. 67	38. 93	41. 40
22	8. 64	9. 54	12. 34	14. 04	17. 24	21. 34	26. 04	30. 81	33. 92	40. 29	42. 80
23	9. 26	10. 20	13. 09	14. 85	18. 14	22. 34	27. 14	32. 01	35. 17	41. 64	44. 18
24	9. 89	10. 86	13. 85	15. 66	19. 04	23. 34	28. 24	33. 20	36. 42	42. 98	45. 56
25	10. 52	11. 52	14. 61	16. 47	19. 94	24. 34	29. 34	34. 38	37. 65	44. 31	46. 93
26	11. 16	12. 20	15. 38	17. 29	20. 84	25. 34	30. 43	35. 56	38. 89	45. 64	48. 29
27	11. 81	12. 88	16. 15	18. 11	21. 75	26. 34	31. 53	36. 74	40. 11	46. 96	49. 64
28	12. 46	13. 56	16. 93	18. 94	22. 66	27. 34	32. 62	37. 92	41. 34	48. 28	50. 99